# 概率论与数理统计

王成满　著

北京工业大学出版社

**图书在版编目（CIP）数据**

概率论与数理统计 / 王成满著． — 北京 ：北京工业大学出版社，2024.1重印

ISBN 978-7-5639-6932-6

Ⅰ．①概… Ⅱ．①王… Ⅲ．①概率论②数理统计 Ⅳ．① 021

中国版本图书馆 CIP 数据核字（2019）第 185316 号

# 概率论与数理统计

**著　　者：**王成满
**责任编辑：**刘连景
**封面设计：**点墨轩阁
**出版发行：**北京工业大学出版社
　　　　　　（北京市朝阳区平乐园 100 号　邮编：100124）
　　　　　　010-67391722（传真）　　bgdcbs@sina.com
**经销单位：**全国各地新华书店
**承印单位：**三河市元兴印务有限公司
**开　　本：**710 毫米 ×1000 毫米　1/16
**印　　张：**10
**字　　数：**200 千字
**版　　次：**2021 年10月第 1 版
**印　　次：**2024 年 1 月第 3 次印刷
**标准书号：**ISBN 978-7-5639-6932-6
**定　　价：**45.00 元

# 前　言

概率论与数理统计是从数量方面研究随机现象规律性的数学学科，也是与现实世界联系密切、应用最为频繁的学科之一。随着社会经济的高速发展，概率论与数理统计在科学技术与人类实践活动中发挥了不容小觑的作用，它的概念、理论和方法被广泛地应用在国民经济的各个领域。通过本门课程的学习，能够综合性地提高学生的整体素质，为学生今后更好的发展奠定扎实的基础。

本书共八章。第一章是概率论概念，内容包括随机事件与概率、条件概率与独立性分析两部分。第二章简述随机变量与分布，分为随机变量定义、随机变量的分布函数、随机变量函数的分布、二维随机变量及其分布函数四部分。第三章为随机变量的数字特征综述。第四章简述了大数定律与中心极限定理的相关内容。第五章为数理统计基础知识概述，内容有样本与统计量的介绍、经验分布函数与直方图简述、抽样分布探索。第六章概述参数估计。第七章是假设检验概论。第八章介绍方差与回归分析，首先介绍了单因素方差与双因素方差，其次介绍了一元线性回归与多元线性回归。

笔者希望通过此书的编写，能让学生更深层次地领悟和实践概率论与数理统计这门学科，由于编者研究能力与知识水平尚有欠缺，书中若有不足之处，还望广大读者不吝赐教。

# 目　录

# 第一章　概率论概念

## 第一节　随机事件与概率

### 一、随机事件

#### （一）随机试验

概率论是通过试验来研究随机现象的。在这里，试验是一个含义广泛的术语。凡是对现象的观察、测试或为此而进行的实验统称为试验。

$E_1$：抛掷一枚硬币，观察正面 $H$ 和反面 $T$（有币值的一面）出现的情况；

$E_2$：抛掷一颗骰子，观察出现的点数。

$E_3$：打靶一次，观察命中的环数。

$E_4$：一只袋子中装有 1 个白球和 99 个红球，只有颜色不同，从中连续取球，每次任取一只，取后放回，直到取得白球为止，观察取球的次数。

$E_5$：测试一只灯泡的寿命。

$E_6$：连续抛掷一枚硬币两次，观察正面 $H$ 和反面 $T$ 出现的情况。

……

观察上面的试验，它们都具有以下三个特点。

①在相同条件下可以重复进行。

②每次试验的可能结果不止一个，并且所有可能的结果事先是明确的。

③试验之前不能确定哪一个结果会出现。

在概率论中，我们把具备以上三个特点的试验称为随机试验，简称试验，用字母 $E$ 表示。

## （二）样本空间

对于一个随机试验，我们既要清楚试验的过程，也要确定试验的所有可能结果。我们把一个随机试验所有可能结果组成的集合，称为这个试验的样本空间，记为 $U$。样本空间中的元素，即试验的每一个可能结果，称为样本空间的样本点，记为 $e$，如上述各例中样本空间分别如下：

$U_1=\{H,\ T\}$；

$U_2=\{1,\ 2,\ 3,\ 4,\ 5,\ 6\}$；

$U_3=\{0,\ 1,\ 2,\ 3,\ 4,\ 5,\ 6,\ 7,\ 8,\ 9,\ 10\}$；

$U_4=\{1,\ 2,\ \cdots\}$；

$U_5=\{t|t \geqslant 0\}$；

$U_6=\{(H,\ H),\ (H,\ T),\ (T,\ H),\ (T,\ T)\}$；

……

由此看出，样本空间可以是有限集合，也可以是无限集合。在构造一个随机试验的数学模型时，先必须明确它的样本空间。样本空间的元素是由试验的目的所确定的。

## （三）随机事件

对于一个随机试验，我们不仅要知道它的样本空间的构成，还往往关注满足某种条件的样本点所组成的集合。例如，在 $E_3$ 中，若规定中靶 8 环以上为优秀，我们关注由样本点 8，9，10 组成的集合 $A=\{8,\ 9,\ 10\}$。又如，在 $E_5$ 中，若规定某种灯泡的寿命不小于 750 h 为正品的话，我们关注由样本点 $t \geqslant 750$ 组成的集合 $B=\{t|t \geqslant 750\}$。我们称 $A$ 为试验 $E_3$ 的一个随机事件，$B$ 为试验 $E_5$ 的一个随机事件。

一般地，我们把一个试验 $E$ 的部分结果组成的集合，即样本空间 $U$ 的子集称为 $E$ 的随机事件。随机事件常用大写字母 $A$，$B$，$C$ 等来表示。如果随机事件只含有一个试验结果，即事件是单元素集，则称此事件为基本事件。

在一次试验中，若事件 $A$ 包含的某个结果出现了，就称在这次试验中事件 $A$ 发生了，或称为事件 $A$ 出现；反之，事件 $A$ 发生就是指事件 $A$ 包含的某个结果出现了。简言之，事件 $A$ 发生当且仅当事件 $A$ 包含的某个结果出现。

每次试验都必然发生的事件称为必然事件，记作 $U$；每次试验都不会发生的事件称为不可能事件。实际上，必然事件和不可能事件是确定性事件，但是，为了研究问题方便，我们把它看作特殊的随机事件。

## （四）随机事件的关系和运算

在研究实际问题的过程中，我们往往要考察同一随机试验中的几个事件，而它们之间往往存在着一定的联系。为了研究它们之间的关系，为了用简单的事件表示比较复杂的事件，我们引进事件之间的关系和运算。为便于理解，在介绍概念时我们以 $E_3$ 中的事件为例加以说明。在 $E_3$ 中，设：

$A = \{9,\ 10\}$ ；

$B = \{8,\ 9,\ 10\}$ ；

$C = \{5,\ 6,\ 7,\ 8\}$ ；

$D = \{0,\ 1,\ 2,\ 3\}$ .

### 1. 包含与相等

若事件 $A$ 发生必然导致事件 $B$ 发生，则称事件 $B$ 包含事件 $A$（或事件 $A$ 包含于事件 $B$），记作 $B \supset A$（或 $A \subset B$）。例如，在 $E_3$ 中，$A$，$B$ 包含关系具有以下性质。

（1）$A=A$。

（2）若 $A \subset B$，$B \subset C$ 则 $A \subset C$。

若 $A \subset B$ 且 $B \supset A$，则称事件 $A$ 与事件 $B$ 相等，记作 $A=B$。

### 2. 和事件

事件 $A$ 与事件 $B$ 至少有一个发生的事件称为事件 $A$ 与 $B$ 的和事件，记作 $A$　$B$，如在 $E_3$ 中，$A$　$B=\{8,\ 9,\ 10\}$，$B$　$C=\{5,\ 6,\ 7,\ 8,\ 9,\ 10\}$。

$n$ 个事件 $A_1$，$A_2$，$\cdots$，$A_n$ 中至少有一个发生的事件称为这 $n$ 个事件的和事件，记作：$A_1$　$A_2$　$\cdots$　$A_n = \overset{n}{\underset{i=1}{}} A_i$。

### 3. 差事件

事件 $A$ 发生但事件 $B$ 不发生的事件称为事件 $A$ 与 $B$ 的差事件，记作 $A-B$。

### 4. 积事件

事件 $A$ 与事件 $B$ 同时发生的事件称为事件 $A$ 与 $B$ 的积事件，记作 $AB$（或 $A$　$B$），如在 $E_3$ 中，$AB=\{9,\ 10\}$，$BC=\{8\}$。

由积事件的定义，显然有：

（1）$AA=A$，$AU=A$；

3

（2）$AB \subset A$，$AB \subset B$。

$n$ 个事件 $A_1$，$A_2$，$\cdots$，$A_n$ 同时发生的事件称为这 $n$ 个事件的积事件，记作 $A_1 A_2 \cdots A_n$ 或 $A_1 \cap A_2 \cap \cdots \cap A_n$。

### 5. 互不相容事件

若事件 $A$ 与事件 $B$ 不能同时发生，即 $A \cap B = AB = \varnothing$，则称事件 $A$ 与 $B$ 互不相容，或称事件 $A$ 与 $B$ 互斥。例如在 $E_3$ 中，$A \cap C = AC = \varnothing$，故 $A$ 与 $C$ 互斥。

当事件 $A$ 与 $B$ 互斥时，其互斥和记作 $A+B$。

若 $n$ 个事件 $A_1$，$A_2$，$\cdots$，$A_n$ 中任意两个事件互斥，则称这 $n$ 个事件两两互斥，此时这 $n$ 个事件的和事件记作：

$$A_1 + A_2 + \cdots + A_n = \sum_{i=1}^{n} A_i。$$

### 6. 对立事件

若事件 $A$ 与事件 $B$ 满足 $AB = \varnothing$，$A+B=U$，则称事件 $B$ 为事件 $A$ 的对立事件。$A$ 的对立事件记作 $\bar{A}$，如在 $E_3$ 中，

$$\bar{A} = \{0, 1, 2, 3, 4, 5, 6, 7, 8\}。$$

显然，对立事件一定是互斥事件，但互斥事件不一定是对立事件。

## （五）运算律

设 $A$，$B$，$C$ 是三个事件，由事件的关系及运算的定义，可以得到相应的运算性质，如表 1-1 所示。

表 1-1　运算性质

| 交换律 | $A \cup B = B \cup A$ | $AB=BA$ |
|---|---|---|
| 结合律 | $A \cup (B \cup C) = (A \cup B) \cup C$ | $A(BC) = (AB)C$ |
| 分配率 | $A(B \cup C) = AB \cup AC$ | $A \cup (BC) = (A \cup B)(A \cup C)$ |
| 对偶律 | $\overline{A \cap B} = \bar{A} \cup \bar{B}$ | $\overline{A \cup B} = \bar{A} \cap \bar{B}$ |

例 1-1：设样本空间为 $U=\{1, 2, 3, 4, 5, 6, 7, 8, 9, 10\}$，事件 $A=\{3, 4\}$，$B=\{2, 3, 4, 5, 6\}$，$C=\{5, 6, 7, 8\}$，具体写出下列各事件。

（1）$\overline{A \cap B}$。

（2）$AB$。

（3）$\overline{AB}$。

（4）$\overline{A}\ \overline{B}$。

（5）$A(B\ \ C)$。

（6）$AB \cup AC$。

（7）$AB+AB$。

解：（1）$\overline{A\ \ B}$ ={1，7，8，9，10}。

（2）$\overline{A}\overline{B}$ ={1，2，5，6，7，8，9，10} $\cap$ {1，7，8，9，10}

$\qquad\qquad$ ={1，7，8，9，10}。

（3）$\overline{AB}$ ={1，2，5，6，7，8，9，10}。

（4）$\overline{A}\ \ \overline{B}$ ={1，2，5，6，7，8，9，10}。

（5）$A(B\ \ C)$ ={3，4}。

（6）$AB \cup AC$={3，4}。

（7）$AB+AB$={3，4}。

例 1-2：三门炮同时向同一目标各发射一发炮弹，试用事件之间的运算关系表示下列各事件。

（1）只有第一发击中目标。

（2）恰有一发击中目标。

（3）没有一发击中目标。

（4）至少有一发击中目标。

（5）第一发击中，而第二发和第三发至少有一发未击中目标。

解：设 $A_i$={ 第 $i$ 发击中目标 }（$i$=1，2，3），则

（1）$A_1\overline{A_2 A_3}$。

（2）$A_1\overline{A_2 A_3} + \overline{A_1} A_2 \overline{A_3} + \overline{A_1}\overline{A_2} A_3$。

（3）$\overline{A_1}\ \overline{A_2}\ \overline{A_3}$。

（4）$A_1\ \ A_2\ \ A_3$。

（5）$A_1(\overline{A_2}\ \ \overline{A_3})$。

## 二、随机事件的概率

对于随机事件，我们不仅关心它是由哪些基本事件构成的，更重要的是希望知道它在一次试验中发生的可能性大小，并希望能找到一个合适的数值来"度

量"它在一次试验中发生的可能性大小。为此,我们先引入频率的概念,进而给出概率的统计定义和古典概率定义。

## (一)概率的统计定义

定义:设随机事件 $A$ 在 $n$ 次试验中出现 $nA$ 次,则称比值 $\dfrac{n_A}{n}$ 为这 $n$ 次试验中事件 $A$ 出现的频率,记作 $W(A)$,即

$$W(A) = \frac{n_A}{n}。$$

由上面的定义可知,事件 $A$ 的频率是试验值。重复试验的次数不同,事件 $A$ 的频率可能不同,即使重复试验的次数相同,事件 $A$ 的频率也可能不同。然而,进行大量的重复试验,就会发现事件 $A$ 的频率总在一个定值附近摆动,呈现出一定的稳定性。历史上著名的数学家曾经做过抛掷硬币的试验,得到如表 1-2 所示的结果。

表 1-2　试验结果

| 试验者 | 投掷次数 $n$ | 正面出现次数 $n_A$ | 正面出现的频率 $n_A/n$ |
|---|---|---|---|
| 德·摩根 | 2048 | 1061 | 0.5181 |
| 蒲丰 | 4040 | 2048 | 0.5069 |
| 皮尔逊 | 12000 | 6019 | 0.5016 |
| 皮尔逊 | 24000 | 12012 | 0.5005 |
| 维尼 | 30000 | 14994 | 0.4998 |

由表 1-2 可以看出,随着投掷次数的增加,正面出现的频率逐渐稳定在 0.5 附近,这个数值是由事件本身唯一确定的。

定义:在相同的条件下进行大量重复试验,若事件 $A$ 发生的频率稳定地在某一确定的常数 $p$ 附近摆动,则称常数 $p$ 为事件 $A$ 的概率,记作 $P(A)$,即

$$P(A) = p$$

频率是试验值,在一定程度上反映了事件发生可能性的大小;概率是理论值,是唯一确定的,它精确地反映了事件发生可能性的大小。

## （二）古典概率

概率的统计定义虽然比较直观，但通过大量重复试验而寻求频率的稳定值是不现实的，甚至是没有意义的。对于一些比较简单的随机现象，可以不必经过试验，依据经验，通过理论分析即可确定事件的概率。

1. 古典概型

具有下列特征的随机试验，称为古典概型。

（1）试验的所有可能结果（或所有基本事件）只有有限个，即样本空间 $U$ 为有限集。

（2）每个基本事件发生的可能性相同。

2. 古典概率

定义：对于古典概型，设样本空间 $U$ 含有 $n$ 个样本点，事件 $A$ 含有 $m$ 个样本点，则事件 $A$ 的概率为

$$P(A) = \frac{m}{n} \text{。}$$

例 1-3：一批产品有 90 件正品和 3 件次品，从中任取一件，求取得正品的概率。

解：设 $A=\{$ 取出的产品是正品 $\}$，则

$$P(A) = \frac{m}{n} = \frac{C_{90}^1}{C_{93}^1} = \frac{30}{31} \text{。}$$

例 1-4：从例 1-3 的这批产品中，连续抽取两次，每次任取一件，按放回抽样和不放回抽样两种方式进行，求第一次取得次品且第二次取得正品的概率。

解：设 $A=\{$ 第一次取得次品且第二次取得正品 $\}$，则

（1）放回抽样，则

$$P(A) = \frac{m}{n} = \frac{C_3^1 C_{90}^1}{C_{93}^1 C_{93}^1} = \frac{30}{961} \text{。}$$

（2）不放回抽样，则

$$P(A) = \frac{m}{n} = \frac{C_3^1 C_{90}^1}{C_{93}^1 C_{92}^1} = \frac{45}{1426} \text{。}$$

例 1-5：一只袋子中装有 6 个红球 3 个白球，从中任意取出两球，求下列事件的概率。

（1）两个球都是白球。

（2）两个球都是红球。

（3）一个红球一个白球。

解：设 $A=\{$ 取出的两个球都是白球 $\}$，$B=\{$ 取出的两个球都是红球 $\}$，$C=\{$ 取出的两个球一个红球一个白球 $\}$，则

$$P(A)=\frac{m_A}{n}=\frac{C_3^2}{C_9^2}=\frac{1}{12} ;$$

$$P(B)=\frac{m_B}{n}=\frac{C_6^2}{C_9^2}=\frac{5}{12} ;$$

$$P(C)=\frac{m_C}{n}=\frac{C_6^1 C_3^1}{C_9^2}=\frac{1}{2} 。$$

## （三）概率的性质

1. 基本性质

性质 1：对于任意事件 $A$，有 $0 \leqslant P(A) \leqslant 1$。

性质 2：$P(U)=1$，$P(\varnothing)=0$。

性质 3：如果事件 $A$ 和 $B$ 满足 $A \subset B$，则

$$P(B-A)=P(B)-P(A) 。$$

2. 运算性质

定理：设事件 $A$ 和 $B$ 互斥，则

$$P(A+B)=P(A)+P(B) 。$$

此性质称为加法定理。

推论 1：设有限个随机事件 $A_1$，$A_2$，$\cdots$，$A_n$ 两两互斥，则 $P(A_1+A_2+\cdots+A_n)=P(A_1)+P(A_2)+\cdots+P(A_n)$。

推论 2：对于任意事件 $A$，有

$$P(A)+P(\bar{A})=1 。$$

例 1-6：从 1，2，3，4 这四个数字中任取三个进行排列，求组成的三位数为偶数的概率。

解：设 $A=\{$ 组成的三位数为偶数 $\}$，$A_2=\{$ 组成的三位数末位数字为2 $\}$，$A_4=\{$ 组成的三位数末位数字为4 $\}$，则

$$A=A_2+A_4,$$

$$P(A_2) = \frac{C_2^1 C_2^1}{A_4^3} = \frac{1}{6},$$

$$P(A_4) = \frac{A_3^2}{A_4^3} = \frac{1}{4},$$

$$P(A) = P(A_2) + P(A_4) = \frac{1}{6} + \frac{1}{4} = \frac{5}{12}。$$

例 1-7：一批产品共有 60 件，其中合格品 55 件，从这批产品中任取 3 件，求其中有不合格品的概率。

解：设 $A$={ 取出的 3 件产品中有不合格品 }，$A_i$={ 取出的 3 件产品中恰有 $i$ 件不合格品 }（$i$=1，2，3）。

方法一：

$$\begin{aligned}
P(A) &= P(A_1 + A_2 + A_3) \\
&= P(A_1) + P(A_2) + P(A_3) \\
&= \frac{C_5^1 C_5^2}{C_{60}^3} + \frac{C_5^2 C_5^1}{C_{60}^3} + \frac{C_5^3}{C_{60}^3} = 0.233。
\end{aligned}$$

方法二：

$$P(A) = 1 - P(\overline{A}) = 1 - \frac{C_{55}^3}{C_{60}^3} = 0.233。$$

显然，利用事件的对立关系求解较为简便，应注意使用。

定理：设 $A$ 和 $B$ 为任意两个事件，则

$$P(A \quad B) = P(A) + P(B) - P(AB)。$$

此性质称为广义加法定理。

推论 3：设 $A$，$B$，$C$ 为任意三个事件，则

$$P(A \quad B \quad C) = P(A) + P(B) + P(C) - P(AB) - P(AC) - P(BC) + P(ABC)。$$

例 1-8：已知 $P(A) = \frac{1}{3}$，$P(B) = \frac{1}{2}$，分别就下列三种情况求 $P(AB)$ 的值。

（1）$A$，$B$ 互斥；

（2）$A \subset B$；

（3）$P(AB) = \frac{1}{8}$。

解：由 $B = BU = B(A + \overline{A}) = AB + A\overline{B}$，可得

$P(B) = P(AB + \overline{A}B) = P(AB) + P(\overline{A}B)$ ，

$P(AB) = P(B) - P(\overline{A}B)$ 。

（1）$P(AB) = \dfrac{1}{2} - 0 = \dfrac{1}{2}$。

（2）由 $A \subset B$，可得 $P(\overline{A}B) = P(\overline{A})$，故

$P(AB) = \dfrac{1}{2} - \dfrac{1}{3} = \dfrac{1}{6}$。

（3）$P(AB) = \dfrac{1}{2} - \dfrac{1}{8} = \dfrac{3}{8}$。

# 第二节　条件概率与独立性分析

## 一、条件概率的定义与性质

在计算事件的概率时，经常需要求在某个事件 $B$ 发生的条件下事件 $A$ 的概率，这样的概率与 $A$ 发生的概率通常不同，称它为条件概率，记为 $P(A|B)$。相对于条件概率 $P(A|B)$ 而言，$P(A)$ 也称为 $A$ 的无条件概率。

定义：假设 $A$ 与 $B$ 为两个事件，且 $P(B) > 0$，则称 $\dfrac{P(AB)}{P(B)}$ 为事件 $B$ 发生的条件下事件 $A$ 发生的条件概率，记为 $P(A|B)$。

例 1-9：一个盒子中有 3 只坏晶体管和 7 只好晶体管，从盒中抽取两次，每次取一只，做不放回抽取，求当发现抽取的第一只是好的情况下，第二只也是好的概率。

解：方法一：设 $A=$ 第二只是好的，$B=$ 第一只是好的，则
所求概率为

$$P(A|B) = \frac{P(AB)}{P(B)} = \frac{\dfrac{7 \times 6}{10 \times 9}}{\dfrac{7}{10}} = \frac{2}{3}。$$

解：方法二：在 $B$ 发生时，盒中只剩下 9 只晶体管，其中有 6 只是好的，故

$$P(A / B) = \frac{6}{9} = \frac{2}{3}。$$

由上例可见，求条件概率通常可以有两种方法：第一种是严格套用公式；

第二种是利用古典概型的思想，通过直接分析，求出样本空间中满足 $B$ 发生后的样本点总数作为分母，其中再满足 $A$ 发生的样本点数作为分子。读者可根据不同的情况选择不同的方法。

## 二、三个公式

### （一）乘法公式

将条件概率公式换一种形式，即得乘法公式：

若 $P（B）>0$，则 $P（AB）=P（B）P（A|B）$；

若 $P（A）>0$，则 $P（AB）=P（A）P（B|A）$。

乘法公式可以推广到多个事件相乘的情形：设事件 $A_1$，$A_2$，$\cdots$，$A_n$，若 $P（A_1A_2\cdots A_{n-1}）>0$，则有

$$P（A_1A_2\cdots A_{n-1}）=P（A_1）P（A_2|A_1）P（A_3|A_1A_2）\cdots P（A_n|A_1A_2\cdots A_{n-1}）。$$

### （二）全概率公式

在介绍全概率公式之前我们定义完备事件组。

定义：设有 $n$ 个事件 $A_1$，$A_2$，$\cdots$，$A_n$，若满足：

（1）$A_iA_j=\varnothing$，$i\neq j$，$i,j=1,2,\cdots,n$。

（2）$A_1\quad A_2\quad \cdots\quad A_n=\Omega$。

则称该事件组为完备事件组。

定理：设事件 $B_1$，$B_2$，$\cdots$，$B_n$ 为一完备事件组，$P（B_i）>0$（$i=1,2,\cdots,n$），则对任意事件 $A$ 有：

$$P(A)=\sum_{i=1}^{n}P(B_i)P(A\mid B_i)。$$

证：已知 $B_1$，$B_2$，$\cdots$，$B_n$ 为完备事件组，$A$ 可以分解为

$A=AB_1\quad AB_2\qquad AB_n$，

由 $B_1$，$B_2$，$\cdots$，$B_n$ 互不相容，知 $AB_1$，$AB_2$，$\cdots$，$AB_n$ 互不相容，且 $P（B_i）>0$（$i=1,2,\cdots,n$），利用公式可得

$$P(A)=P(AB_1)+\quad+P(AB_n)=P(B_1)P(A\mid B_1)+\quad+P(B_n)P(A\mid B_n)，$$

故公式成立。

此公式称为全概率公式，全概率公式在计算事件的概率时十分有用。

### （三）贝叶斯公式

定理：设事件 $B_1$，$B_2$，$\cdots$，$B_n$ 为完备事件组，$P(B_i)>0$（$i=1$，$2$，$\cdots$，$n$），则对任意事件 $A$，有

$$P(B_i\mid A)=\frac{P(B_i)\ P(A\mid B_i)}{\sum\limits_{j=1}^{n} P(B_j)\ P(A\mid B_j)}，\quad i,\ j=1,\ 2,\ \cdots,\ n。$$

此公式称为贝叶斯公式。

在事件概率的计算中，如果知道了各"原因"事件发生的概率以及在各"原因"事件发生的条件下，"结果"事件发生的条件概率，则该"结果"事件发生的概率可以由全概率公式求得。反之，若"结果"事件已经发生，要求各"原因"事件发生的条件概率，就需要利用贝叶斯公式来解决问题。

### 三、事件的独立性与独立试验概型

### （一）事件的独立性

例 1-10：一枚硬币抛掷两次，观察正、反面出现的情况。设 $A$、$B$ 分别表示第一次、第二次出现正面，求 $P(A)$、$P(B)$、$P(AB)$ 及 $P(B|A)$。

解：试验的样本空间为

$\Omega=\{$（正，正），（反，反），（反，正），（正，反）$\}$。

从而有

$$P(A)=\frac{2}{4}=\frac{1}{2}，\quad P(B)=\frac{2}{4}=\frac{1}{2}，\quad P(AB)=\frac{1}{4}，\quad P(B\mid A)=\frac{1}{2}。$$

我们注意到，此时 $P(B\mid A)=P(B)$ 且 $P(AB)=P(A)\ P(B)$。

从直观分析可以看到，试验中事件 $B$ 的发生完全不受事件 $A$ 发生与否的影响，同样事件 $A$ 的发生也不受事件 $B$ 发生与否的影响。于是称这样的两个事件是相互独立的。

定义：设 $A$、$B$ 为两事件，若

$$P(AB)=P(A)\ P(B)，$$

则称事件 $A$ 与事件 $B$ 相互独立。

定理：设 $A$、$B$ 为两事件，若 $P(A)>0$，则事件 $A$ 与事件 $B$ 相互独立的充分必要条件为

$$P(B|A)=P(B)。$$

同样，当 $P(B)>0$ 时，也有 $P(A|B)=P(A)$。

### （二）独立试验概型

为了找出随机现象的统计规律性，需要进行大量的重复试验，这些试验通常满足：

（1）在相同的条件下重复进行；

（2）每次试验是相互独立的（即各次试验的结果相互没有影响）。

称这样的 $n$ 次试验为 $n$ 次重复独立试验。

如射手反复向同一目标射击，有放回地抽取产品进行检验，记录每天某个时段一电话传呼台接到的呼叫次数等。

在 $n$ 次重复独立试验中，若每次试验我们只关心事件 $A$ 发生与不发生，且每次试验 $A$ 发生的概率 $P(A)=p$ 为常数，这样的 $n$ 次重复独立试验称为 $n$ 重贝努里试验。

例如，抛掷 $n$ 次硬币，观察每次出现正面的情况；从一堆零件中抽取 $n$ 个，观察每次取出的零件是否为合格品；观察某射手射击 $n$ 次，每次打中打不中的情况等，均为 $n$ 重贝努里试验。在 $n$ 重贝努里试验中，我们常常关心的是事件 $A$ 发生 $k$ 次的概率，为此有以下定理。

定理：在 $n$ 重贝努里试验中，设事件 $A$ 发生的概率为 $p$（$0<p<1$），则 $A$ 恰好发生 $k$ 次的概率为

$$P_n(k) = C_n^k p^k q^{n-k}, \quad k = 0, 1, 2, \cdots, n,$$

其中 $q = 1-p$，且 $\sum_{k=0}^{n} P_n(k) = 1$。

# 第二章 随机变量与分布

## 第一节 随机变量定义

在研究随机现象的过程中，我们看到许多随机试验的结果都是与数值有关的。例如，从一批小麦种子中任意抽取 50 粒进行发芽试验，种子发芽粒数的可能结果是 0 粒、1 粒、50 粒。投一枚骰子，可能出现的点数为 1 点，2 点，…，6 点。但同时也有一些试验的结果是与数值无关的，如抛掷一枚硬币，只有两个可能的结果：出现正面与反面。对于这种情形，虽然试验的结果是定性的，与数值没有关系，但如果我们做一个约定，若出现正面用数字 1 来表示，出现反面用 0 来表示。这样，试验的结果也就与数值有关系了。

总而言之，无论随机试验的结果是否直接表现为数量，我们总可以使其数量化，使随机试验的结果对应于一个数值。

以上两例的试验无论是哪一种情形，都体现出这样的共同点：对随机试验的每一个可能的结果，都有唯一一个实数与之对应，这种对应关系实际上是定义了样本空间上的一个函数，所以，我们引进一个变量 $X$，对于不同的试验结果，取不同的值。变量 $X$ 的取值是与试验的结果相联系的。即对于样本空间的每一个样本点 $\omega$，有数字 $X=X(\omega)$，$\omega \in \Omega$ 与之对应。因为试验结果是随机出现的，因此变量 $X$ 的取值也是随机的。

下面给出随机变量的定义。

定义：设随机试验 $E$ 的样本空间为 $\Omega$，如果对于每一个 $\omega \in \Omega$，都有一个实数 $X(\omega)$ 与之对应，则称 $X(\omega)$ 为一维随机变量，简记为 $X$。

随机变量一般用大写英文字母 $X$，$Y$，$Z$ 等表示，也可以用 $\xi$，$\eta$，$\zeta$ 等表示。

由定义可以看出，随机变量是随着试验结果的不同而变化的变量，由于试验的结果事先无法预言，因此，随机变量的取值也是无法事先预言的，只有当试验的结果出现后，才能确切知道它的取值。由于随机试验的结果是以一定的概率出现的，因此随机变量的取值也是具有一定概率的。

随机变量的概念在概率论与数理统计中是十分重要的，有了随机变量的概念后，我们就可以用随机变量的数量形式来表示随机事件。例如，种子发芽的试验中，如果我们用随机变量 $X$ 表示种子发芽的粒数，则事件"种子发芽数不超过 25 粒"就可以表示为 $\{X \leqslant 25\}$，相应的概率可以表示为 $P\{X \leqslant 25\}$。若用随机变量 $X$ 表示某种电子管的使用寿命，则事件"电子管寿命在 500 h 与 1000 h 之间"这一事件就可以表示成 $\{500 \leqslant X \leqslant 1000\}$。这样一来，就可以把对事件的研究，转化为对随机变量的研究，而研究数量化的随机变量，我们具有许多有效的数学方法。

从随机变量的取值情况来分，可大致将其分为离散型随机变量和非离散型随机变量，而非离散型随机变量中最为重要的是连续型随机变量。因此，笔者只讨论离散型和连续型这两种随机变量。

## 第二节　随机变量的分布函数

分布律是对离散型随机变量取值及其概率的全面描述。若已知一个离散型随机变量的分布律，就可以完成有关这个随机变量的一切概率运算。但是在实际中，对于如电子元件的使用寿命等这样的随机变量，我们很难按照以上的方法去讨论。一方面通常我们并不会对误差和元件使用寿命是否取得某一个特定数值感兴趣，关心的往往是误差落在某个区间内或是使用寿命大于某个数值的概率；另一方面，也由于此时随机变量不是逐个取值的，而是充满了某个区间。这就需要我们去研究随机变量取值落在一个区间上的概率。例如，我们要求概率 $P\left(x_1 < X \leqslant x_2\right)$，但由于事件

$\{x_1 < X \leqslant x_2\} = \{X \leqslant x_2\} - \{X \leqslant x_1\}$，且 $\{X \leqslant x_1\} \subset \{X \leqslant x_2\}$，故

$P\left(x_1 < X \leqslant x_2\right) = P\left(X \leqslant x_2\right) - P\left(X \leqslant x_1\right)$。

所以，我们只需知道 $P\left(X \leqslant x_2\right)$ 和 $P\left(X \leqslant x_1\right)$ 就可以了。下面引入随机变量的分布函数的概念。

定义：设 $X$ 是一个随机变量，$x$ 为任意实数，称函数

$F(x) = P(X \leqslant x)$，$-\infty < x < +\infty$

为随机变量 $X$ 的分布函数。

定义表明，分布函数是定义于全体实数且以区间 [0, 1] 为值域的普通函数。其次，分布函数描述的是事件 $X \leqslant x$ 的概率，即 $F(x)$ 是概率。分布函数

这种既是普通函数又是概率的双重性质使我们得以使用微积分的方法研究概率问题。

若已知随机变量 $X$ 的分布函数，则对于任意的实数 $x_1$，$x_2$（$x_1 < x_2$），由上面的讨论有

$$P(x_1 < X \leqslant x_2) = P(X \leqslant x_2) - P(X \leqslant x_1) = F(x_2) - F(x_1)。$$

因此，若已知 $X$ 的分布函数，我们就能求出 $X$ 在任一区间上取值的概率了，而且这个概率的计算就转化为计算分布函数值了，在这个意义上说，分布函数完整地描述了随机变量的统计规律性。

分布函数具有以下性质。

（1）$F(x)$ 是 $x$ 非减函数。

事实上，由于

$F(x_2) - F(x_1) = P(x_1 < X \leqslant x_2) \geqslant 0$，

即 $F(x_2) \geqslant F(x_1)$，（$x_2 > x_1$）。

（2）$0 \leqslant F(x) \leqslant 1$（$-\infty < x < +\infty$）。

由于 $F(x)$ 表示的就是事件 $\{X \leqslant x\}$ 的概率，由概率的性质可知该公式是成立的。

（3）$F(-\infty) = \lim\limits_{x \to -\infty} F(x) = 0$，$F(+\infty) = \lim\limits_{x \to +\infty} F(x) = 1$。

笔者对第三个性质做一个直观说明：$x \to -\infty$ 表示点 $x$ 沿 $x$ 轴无限左移，事件 $\{X \leqslant x\}$ 表示随机点落在点 $x$ 的左边，这是不可能的；当 $x \to +\infty$ 时，点 $x$ 沿 $x$ 轴无限右移，这时事件 $\{X \leqslant x\}$ 表示 $X$ 在整个 $x$ 轴上取值，是必然事件，因此性质（3）成立。

（4）$F(x)$ 是右连续函数，即 $F(x+0) = F(x)$，这里 $F(x+0)$ 表示 $F(x)$ 的右极限。

（5）对任意一个实数 $x_0$，都有 $P(X=x_0) = F(x_0) - F(x_0-0)$，这里 $F(x_0-0)$ 表示 $F(x)$ 的左极限。

证明略。

下面我们看几个求分布函数的例子。

例 2-1：设随机变量 $X$ 的分布律为

| $X$ | $-1$ | $1$ | $2$ |
|---|---|---|---|
| $P$ | $\dfrac{1}{6}$ | $\dfrac{1}{3}$ | $\dfrac{1}{2}$ |

试求：（1）$X$ 的分布函数。

（2）$P\left(X\leqslant\dfrac{1}{2}\right)$，$P\left(\dfrac{3}{2}<X\leqslant\dfrac{5}{2}\right)$，$P\left(-1\leqslant X\leqslant\dfrac{3}{2}\right)$。

解：$X$ 取值为 $-1$，$1$，$2$，将整个数轴分为 4 个部分，由于分布函数是定义在整个数轴上的，因此，我们应该分段考虑如下：

当 $x<-1$ 时，由于 $X$ 不取小于 $-1$ 的数，因此 $\{X\leqslant x\}$ 是不可能事件，故 $F(x)=0$。

当 $-1\leqslant x<1$ 时，$\{X\leqslant x\}=\{X=-1\}$，因此

$$F(X)=P(X\leqslant x)=P(X=-1)=\frac{1}{6}。$$

当 $1\leqslant x<2$ 时，$\{X\leqslant x\}=\{X=-1\}$ 或 $\{X=1\}$，因此

$$F(x)=P(X\leqslant x)=P(X=-1)+P(x=1)$$
$$=\frac{1}{6}+\frac{1}{3}=\frac{1}{2}。$$

当 $x\geqslant 2$ 时，由于 $X$ 的取值不超过 $2$，即 $\{X\leqslant x\}$ 是必然事件，因此

$$F(x)=P(X\leqslant x)=P(X=-1)+P(x=1)+P(x=2)$$
$$=\frac{1}{6}+\frac{1}{3}=\frac{1}{2}=1。$$

故 $X$ 的分布函数为

$$F(x)=\begin{cases}0, & x<-1,\\[2mm]\dfrac{1}{6}, & -1\leqslant x<1,\\[2mm]\dfrac{1}{2}, & 1\leqslant x<2,\\[2mm]1, & 2\leqslant x。\end{cases}$$

$F(x)$ 的图像如图 2-1 所示，这是一个上升的、右连续的阶梯形函数。在 $x=-1$，$1$，$2$ 处有跳跃间断点，跃度分别为 $\dfrac{1}{6}$，$\dfrac{1}{3}$，$\dfrac{1}{2}$。

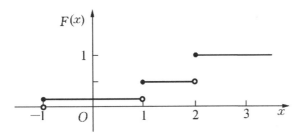

图 2-1　$F(x)$ 的图像

其次，由 $X$ 的分布函数，则有

$$P\left(X \leqslant \frac{1}{2}\right) = F\left(\frac{1}{2}\right) = \frac{1}{6},$$

$$P\left(\frac{3}{2} < X \leqslant \frac{5}{2}\right) = F\left(\frac{5}{2}\right) - F\left(\frac{3}{2}\right) = 1 - \frac{1}{2} = \frac{1}{2},$$

$$P\left(-1 \leqslant X \leqslant \frac{3}{2}\right) = F\left(\frac{3}{2}\right) - F(-1) + P(X = -1) = \frac{1}{2} - \frac{1}{6} + \frac{1}{6} = \frac{1}{2}.$$

在例 2-1 中我们从中应该体会到这一点，分布函数 $F(x)$ 定义的值不是 $X$ 取值为 $x$ 的概率，而是 $X$ 取那些不超过 $x$ 的所有可能值的概率的累计。

一般地，若离散型随机变量 $X$ 的分布律为

$P(X=x_i) = p_i\ (i=1,\ 2,\ \cdots)$，

则它的分布函数为

$$F(x) = P(X \leqslant x) = \sum_{x_i \leqslant x} P(X = x_i) = \sum_{x_i \leqslant x} p_i.$$

例 2-2：设 $X$ 的分布函数为

$$F(x) = \begin{cases} 0, & x < 0, \\ 0.2, & 0 \leqslant x < 2, \\ 0.5, & 2 \leqslant x < 4, \\ 0.6, & 4 < x < 5, \\ 1, & x \geqslant 5. \end{cases}$$

求 $X$ 的分布律以及 $P(1 < X \leqslant 2)$，$P(x > 3)$。

解：离散型随机变量只在分布函数发生跳跃的点处取值，其概率恰好等于该点处的跳跃度。于是由分布函数可得 $X$ 的分布律为

| $X$ | 0 | 2 | 4 | 5 |
|---|---|---|---|---|
| $P$ | 0.2 | 0.3 | 0.1 | 0.4 |

其次，

$P(1 < X \leqslant 2) = F(2) - F(1) = 0.5 - 0.2 = 0.3,$

$P(X > 3) = 1 - P(X \leqslant 3) = 1 - F(3) = 1 - 0.5 = 0.5。$

# 第三节　随机变量函数的分布

在实际工作中，我们常常对某些随机变量的函数更感兴趣。例如，在一些试验中，所关心的随机变量往往不易测得，它却是某个随机变量的函数。如我们能测量圆轴的直径 $d$，而我们关心的却是圆轴的横截面面积 $A = \dfrac{1}{4}\pi d^2$。由于存在测量误差，所以直径 $d$ 的测量值可以看作一个随机变量。因此 $A$ 也是一个随机变量，且 $A$ 是 $d$ 的函数。

笔者将讨论如何由已知的随机变量 $X$ 的分布去求得它的函数 $Y=g（X）$（$g$ 是已知的连续函数）的分布。

## 一、离散型情况

例 2-3：已知随机变量 $X$ 具有分布律：

| $X$ | −1 | 0 | 1 | 2 |
|---|---|---|---|---|
| $P$ | 0.2 | 0.3 | 0.1 | 0.4 |

试求 $Y = (X-1)^2$ 的分布律。

解：当 $X$ 取遍 −1，0，1，2 时，$Y$ 所有可能的取值为 0，1，4。而

$P(Y = 0) = P(（X-1)^2 = 0) = P(x = 1) = 0.1$。

$P(Y = 1) = P(Y = 0) + P(Y = 2) = 0.3 + 0.4 = 0.7$。

$P(Y = 4) = P(X = -1) = 0.2$。

因此 $Y = (X-1)^2$ 的分布律为

| $X$ | 0 | 1 | 4 |
|---|---|---|---|
| $P$ | 0.1 | 0.7 | 0.2 |

例 2-4：设随机变量 $X$ 的分布律为

| $X$ | $-2$ | $-1$ | 0 | 1 | 2 |
|---|---|---|---|---|---|
| $P$ | 0.3 | 0.2 | 0.1 | 0.3 | 0.1 |

试求：$Y=3X+2$ 的分布律以及 $Z=X^2$ 的分布律。

解：列表如下：

| $X$ | $-2$ | $-1$ | 0 | 1 | 2 |
|---|---|---|---|---|---|
| $Y=3X+2$ | $-4$ | $-1$ | 2 | 5 | 8 |
| $P$ | 0.3 | 0.2 | 0.1 | 0.3 | 0.1 |

由此可得 $Y=3X+2$ 的分布律：

| $Y=3X+2$ | $-4$ | $-1$ | 2 | 5 | 8 |
|---|---|---|---|---|---|
| $P$ | 0.3 | 0.2 | 0.1 | 0.3 | 0.1 |

列表如下：

| $X$ | $-2$ | $-1$ | 0 | 1 | 2 |
|---|---|---|---|---|---|
| $Z=X^2$ | 4 | 1 | 0 | 1 | 4 |
| $P$ | 0.3 | 0.2 | 0.1 | 0.3 | 0.1 |

将 $Z$ 的相同取值的概率合并，由此得到 $Z=X^2$ 的分布律：

| $Z=X^2$ | 0 | 1 | 4 |
|---|---|---|---|
| $P$ | 0.1 | 0.5 | 0.4 |

$P(Z=1) = P(X=1) + P(X=-1) = 0.2 + 0.3 = 0.5$。

$P(Z=4) = P(X=-2) + P(X=2) = 0.3 + 0.1 = 0.4$。

一般地，若 $X$ 的分布律为

| $X$ | $x_1$ | $x_2$ | $\cdots$ | $x_i$ | $\cdots$ |
|---|---|---|---|---|---|
| $P$ | $p_1$ | $p_2$ | $\cdots$ | $p_i$ | $\cdots$ |

则 $Y=g(X)$ 的分布律为

| $X$ | $g(x_1)$ | $g(x_2)$ | $\cdots$ | $g(x_i)$ | $\cdots\cdots$ |
|---|---|---|---|---|---|
| $P$ | $p_1$ | $p_2$ | $\cdots$ | $p_i$ | $\cdots\cdots$ |

需要注意的是，若 $g(x_1)$，$g(x_2)$，$\cdots$，$g(x_i)$ $\cdots$ 中有相同的值，则应将其所对应的概率值相加而合并为一个数值，即

$$P(Y=y_i) = \sum_{g(x_k)=y_i} P(X=x_k)，（i=1，2，\cdots）。$$

## 二、连续型情况

若 $X$ 为连续型随机变量，一般来说，$Y=g(X)$ 也是一个连续型随机变量，已知连续型随机变量 $X$ 的概率密度为 $f(x)$，如何求得随机变量 $Y=g(X)$ 的概率密度，下面通过实例说明解决此类问题的一般思路。

例 2-5：设电流 $X$（单位：A）通过一个电阻值为 $3\ \Omega$ 的电阻器，且 $X\sim U(5，6)$。试求在该电阻器上消耗的功率 $Y=3X^2$ 的分布函数与概率密度。

解：由于 $X$ 的值域为 $[5，6]$，因此 $Y=3X^2$ 的值域为 $[75，108]$。$Y$ 是一个连续型随机变量，$X$ 的概率密度为

$$f(x)=\begin{cases}1，& 5\leqslant x\leqslant 6;\\0，& 其他\end{cases}$$

当 $75\leqslant y<108$ 时，$Y$ 的分布函数为

$$F_Y(y)=P(Y\leqslant y)=P(3X^2\leqslant y)=P\left(-\sqrt{\frac{y}{3}}\leqslant X\leqslant\sqrt{\frac{y}{3}}\right)$$

$$=\int_{-\sqrt{\frac{y}{3}}}^{\sqrt{\frac{y}{3}}} f(x)\ \mathrm{d}x=\int_5^{\sqrt{\frac{y}{3}}} 1\mathrm{d}x=\sqrt{\frac{y}{3}}-5。$$

因此，

$$F_Y(y)=\begin{cases}0，& y<75;\\\sqrt{\dfrac{y}{3}}-5，& 75\leqslant y<108;\\1，& y\geqslant 108。\end{cases}$$

从而得到 $Y$ 的概率密度为

$$f_Y(y) = F_Y'(y) = \begin{cases} \dfrac{1}{2\sqrt{3y}}, & 75 < y < 108; \\ 0, & \text{其他。} \end{cases}$$

例 2-6：设随机变量 $X$ 具有概率密度：

$$f_x(x) = \begin{cases} \dfrac{x}{8}, & 0 < x < 4; \\ 0, & \text{其他。} \end{cases}$$

求随机变量 $Y=2X+8$ 的概率密度。

解：先求 $Y=2X+8$ 的分布函数 $F_Y(y)$。

$$F_P(y) = P(Y \leqslant y) = P(2X + 8 \leqslant y) = P\left(X \leqslant \dfrac{y-8}{2}\right) = \int_{-\infty}^{\frac{y-8}{2}} f(x)\,\mathrm{d}x,$$

于是得 $Y = 2X + 8$ 的概率密度为

$$f_Y(y) = f_Y'(y) = f_x\left(\dfrac{y-8}{2}\right)\left(\dfrac{y-8}{2}\right)' = \begin{cases} \dfrac{1}{8}\left(\dfrac{y-8}{2}\right) \times \dfrac{1}{2}, & 0 < \dfrac{y-8}{2} < 4; \\ 0, & \text{其他。} \end{cases}$$

$$= \begin{cases} \dfrac{y-8}{32}, & 8 < y < 16; \\ 0, & \text{其他。} \end{cases}$$

# 第四节　二维随机变量及其分布函数

## 一、二维离散型随机变量

### （一）二维离散型随机变量的联合分布

我们先给出二维随机变量的概念。

定义：设试验 $E$ 的样本空间为 $\Omega$，如果对 $\Omega$ 中的每一个样本点 $\omega$，有一对有序实数 $(X(\omega), Y(\omega))$ 与它对应，那么就把这样一个定义域为 $\Omega$，取值为有序实数 $(X, Y) = (X(\omega), Y(\omega))$ 的变量称为二维随机变量。

定义：如果二维随机变量 $(X, Y)$ 可能取的值为有限对或可数对实数，则称 $(X, Y)$ 为二维离散型随机变量。

与一维离散型随机变量一样，我们不仅关心二维离散型随机变量都有哪些取值，更关心它们取这些值的相应的概率。如果掌握了这两点，我们也就掌握了二维离散型随机变量的概率规律。

设盒内装有 10 个小球，其中红球 1 个，黄球 4 个，白球 5 个，从盒内任意取出 2 个球，用 $X$ 和 $Y$ 分别表示取出的红球和黄球的个数。于是 $X$ 和 $Y$ 都是一维随机变量，它们可能的取值分别是 $X$：0，1；$X$：0，1，2。

这里 $X$ 和 $Y$ 的分布律我们不难求得。现在我们将它们放在一起考虑，即考虑二维随机变量 $(X,Y)$ 的取值及概率情况。

显然，$(X,Y)$ 所有的取值有以下 6 种：（0，0），（0，1），（0，2），（1，0），（1，1），（1，2）。

它们对应着 6 个随机事件 $(X=i,Y=j)$，$i$=0，1；$j$=0，1，2. 记事件 $(X=i,Y=j)$ 的概率为 $p_{ij}$，即

$P(X=i,Y=j)=p_{ij}$，$i$=0，1；$j$=0，1，2。

如果能求出这 6 个事件的概率，就完全把握了 $(X,Y)$ 的取值规律。由古典概率的求法，我们有：

$$p_{00}=P(X=0,Y=0)=\frac{C_5^2}{C_{10}^2}=\frac{2}{9};$$

$$p_{01}=P(x=0,Y=1)=\frac{C_4^1 C_5^1}{C_{10}^2}=\frac{4}{9};$$

同理，可以得到：

$$p_{02}=\frac{2}{15};\ p_{10}=\frac{1}{9};\ p_{11}=\frac{4}{45};\ p_{12}=0。$$

设二维离散型随机变量 $(X,Y)$ 所有可能的取值为 $(x_i,y_i)$，$(i,j$=1，2，…），取这些值的概率分别为

$P(X=x,Y=y_j)=p_{ij}$，$i,j$=1，2，…。

则称上面的公式为二维离散型随机变量$(X,Y)$的联合分布律或联合分布列。

联合分布律有以下性质：

（1）$p_j\geq 0$，$i,j$=1，2，3，…；

（2）$\sum\limits_{i=1}^{\infty}\sum\limits_{j=1}^{\infty}p_{ij}=1$。

需要指出的是 $P(X=x_i,Y=y_i)$ 的概率就是两个随机事件 $\{X=x_i\}$，$\{Y=y_j\}$ 的乘积的概率。

二维随机变量 $(X, Y)$ 的性质不仅与 $X$ 和 $Y$ 的性质有关，还依赖于这两个随机变量之间的相互关系。因此，仅逐个地研究 $X$ 或 $Y$ 的性质是不够的，还需要将 $(X, Y)$ 作为一个整体来研究。

例 2-7：一个口袋中装有 5 只球，其中 4 只红球，1 只白球。采用无放回抽样，每次取出 1 个，接连取两次。设

$$X = \begin{cases} 1, & \text{第一次取到红球}; \\ 0, & \text{第一次取到白球}。 \end{cases} \qquad Y = \begin{cases} 1, & \text{第二次取到红球}; \\ 0, & \text{第二次取到白球}。 \end{cases}$$

试求 $(X, Y)$ 的联合分布律以及 $P(X \geqslant Y)$。

解：$(X, Y)$ 所有的取值是（0，0），（0，1），（1，0），（1，1）；由概率的乘法公式：

$$P(X=0, \ Y=0) = P(X=0) \ P(Y=0 \mid X=0) = \frac{1}{5} \times 0 = 0,$$

$$P(X=0, \ Y=1) = P(X=0) \ P(Y=1 \mid X=0) = \frac{1}{5} \times 1 = \frac{1}{5},$$

$$P(X=1, \ Y=1) = P(X=1) \ P(Y=0 \mid X=1) = \frac{4}{5} \times \frac{1}{4} = \frac{1}{5},$$

$$P(X=1, \ Y=1) = P(X=1) \ P(Y=1 \mid X=1) = \frac{4}{5} \times \frac{3}{4} = \frac{3}{5}。$$

因此，$X$ 与 $Y$ 的联合分布律为

| $Y$ \ $X$ | 0 | 1 |
|---|---|---|
| 0 | 0 | $\frac{1}{5}$ |
| 1 | $\frac{1}{5}$ | $\frac{3}{5}$ |

注意：在计算 $P(X=x_i, \ Y=y_j)$ 时，常用以下乘法公式：

$$P(X=x_i, \ Y=y_j) = P(X=x_i) \ P(Y=y_j \mid X=x_i)。$$

由于事件 $(X \geqslant Y) = ((0, 0), (1, 0), (1, 1))$。因此

$$P(X \geqslant Y) = P(X=0, \ Y=0) + P(X=1, \ Y=0) + P(X=1, \ Y=1)$$

$$= 0 + \frac{1}{5} + \frac{3}{5} = \frac{4}{5}。$$

## （二）边缘分布

既然 $(X, Y)$ 的联合分布完全表征了 $(X, Y)$ 的分布规律，它理应包含 $X$ 与 $Y$ 各自的分布信息。即从 $(X, Y)$ 的联合分布应能导出 $X$ 与 $Y$ 各自的分布。对于开始的例子，若我们要求事件 {X=0} 的概率，显然应该考虑 $X$ 取零的所有情况，即要考虑（0，0），（0，1），（0，2）三个事件，同理，若要求事件 {X=1} 的概率，则应该考虑（1，0）（1，1）（1，2）三个事件。事实上，根据概率的可加性，我们有

$$P(X=0) = P(X=0, \ Y=0) + P(X=0, \ Y=1) + P(X=0, \ Y=2)$$
$$= \frac{2}{9} + \frac{4}{9} + \frac{2}{15} = \frac{4}{5};$$

同理我们可以得到：

$$P(X=1) = \frac{1}{5} 。$$

上面求出的两个概率作为一个整体看待，它就是 $X$ 的分布律，称为 $X$ 的边缘分布律。它们分别是表中第一行和第二行各概率之和。类似地，我们也可以得到 $Y$ 的边缘分布律。

$$P(Y=0) = P(X=0, \ Y=0) + P(X=1, \ Y=0) = \frac{1}{3};$$

$$P(Y=1) = \frac{8}{15}; \ P(Y=2) = \frac{2}{15} 。$$

例 2-8：设随机向量 $(X, Y)$ 的联合分布律为

| X \ Y | 1 | 4 |
|---|---|---|
| 3 | 0.17 | 0.10 |
| 6 | 0.13 | 0.30 |
| 8 | 0.25 | 0.05 |

求 $(X, Y)$ 关于 $X$ 和 $Y$ 的边缘分布律。

解：$X$ 的可能取值为 3，6，8，且

$$P(X=3) = P(X=3, \ Y=1) + P(X=3, \ Y=4)$$
$$= 0.17 + 0.10 = 0.27 。$$

同理，有

$$P（X=6）=0.13+0.30=0.43, \ P（X=8）=0.25+0.05=0.30 。$$

或

$$P(X=3)=p_1=p_{11}+p_{12}=0.17+0.10=0.27。$$

$$P(X=6)=p_2=p_{21}+p_{22}=0.13+0.30=0.43。$$

$$P(X=8)=p_3=p_{31}+p_{32}=0.25+0.05=0.30。$$

所以，$X$ 的边缘分布律为

| $X$ | 3 | 6 | 8 |
|---|---|---|---|
| $P$ | 0.27 | 0.43 | 0.30 |

类似地，对于 $Y$ 有

$$P(Y=1)=p_1=p_{11}+p_{21}+p_{31}=0.17+0.13+0.25=0.55。$$

$$P(Y=4)=p_2=p_{12}+p_{22}+p_{32}=0.10+0.30+0.05=0.45。$$

所以，$Y$ 的边缘分布律为

| $Y$ | 1 | 4 |
|---|---|---|
| $P$ | 0.5 | 0.45 |

从上面的讨论可知，边缘分布可由联合分布完全确定，但反之不然，即联合分布一般不能由边缘分布确定。

## 二、二维连续型随机变量

### （一）联合分布函数

我们先给出二维随机变量 $(X,Y)$ 联合分布函数的定义。

定义：设 $(X,Y)$ 是二维随机变量，对于任意的实数 $x$，$y$，二元函数

$$F(x,y)=P(X\leqslant x,Y\leqslant y)$$

称为二维随机变量 $(X,Y)$ 的联合分布函数或分布函数。

应当注意，因为 $X$ 和 $Y$ 是随机变量，$\{X\leqslant x\},\{Y\leqslant y\}$ 都是事件，这里 $\{X\leqslant x\},\{Y\leqslant y\}$ 表示两个事件的乘积，即 $\{X\leqslant x,Y\leqslant y\}=\{X\leqslant x\}\{Y\leqslant y\}$）。

定义：设二维随机变量 $(X,Y)$ 的分布函数为 $F(x,y)$，如果存在非负函数 $f(x,y)$，使得对于任意实数 $x$，$y$，有

$$F(x,y)=P(X\leqslant x,Y\leqslant y)=\int_{-\infty}^{y}\int_{-\infty}^{x}f(u,v)\,\mathrm{d}u\mathrm{d}y，$$

则称 $(x,y)$ 为二维连续型随机变量，称 $f(x,y)$ 为 $(X,Y)$ 的联合概率密度或联合分布密度。

联合概率密度 $f(x, y)$ 具有以下性质：

$f(x, y) \geqslant 0; -\infty < x < +\infty, -\infty < y < +\infty$;

$$\int_{-\infty}^{+\infty}\int_{-\infty}^{+\infty} f(x, y) \, \mathrm{d}u\mathrm{d}y = 1;$$

$P((X, Y) \in D) = \int_D f(x, y) \, \mathrm{d}x\mathrm{d}y$ 其中 $D$ 为 $xOy$ 平面内任一区域。

例 2-9：设 $(X, Y)$ 的联合概率密度为

$$f(x, y) = \begin{cases} k\mathrm{e}^{(2x+y)}, & x > 0, \ y > 0; \\ 0, & \text{其他} \end{cases}$$

试求：

（1）常数 $k$；

（2）$P(-1<X<1, -1<Y<1)$；

（3）$P(X+Y \leqslant 1)$；

（4）$P(X<Y)$；

（5）$(X, Y)$ 的分布函数。

解：（1）由联合概率密度的性质，我们有

$$\int_{-\infty}^{+\infty}\int_{-\infty}^{+\infty} f(x, y) \, \mathrm{d}x\mathrm{d}y = \int_0^{+\infty}\int_0^{+\infty} k\mathrm{e}^{-2x+y} \mathrm{d}x\mathrm{d}y$$

$$= k\int_0^{+\infty} \mathrm{e}^{-2x}\mathrm{d}x\int_0^{+\infty} \mathrm{e}^{-2y}\mathrm{d}y = \frac{k}{2} = 1,$$

所以 $k=2$。

（2）$P(-1 < X < 1, -1 < Y < 1) = \int_{-1}^{1}\int_{-1}^{1} f(x, y) \, \mathrm{d}x\mathrm{d}y$

$$= \int_0^1\int_0^1 2\mathrm{e}^{-(2x+y)}\mathrm{d}x\mathrm{d}y$$

$$= \int_0^1 2\mathrm{e}^{-2x}\mathrm{d}x\int_0^1 2\mathrm{e}^{-y}\mathrm{d}y$$

$$= (1-\mathrm{e}^{-2})\ (1-\mathrm{e}^{-1})\ .$$

（3）$P(x+Y\leqslant1) = \iint\limits_{x+y\leqslant1} f(x, y) \, \mathrm{d}x\mathrm{d}y$

$$= \int_0^1\mathrm{d}x\int_0^{1-x} 2\mathrm{e}^{-(2x+y)}\mathrm{d}x\mathrm{d}y = \int_0^1 2\mathrm{e}^{-2x}(1-\mathrm{e}^{x-1})\ \mathrm{d}x$$

$$= 1-2\mathrm{e}^{-1} + \mathrm{e}。$$

（4）$P(X < Y) = \iint\limits_{x<y} f(x, y) \, \mathrm{d}x\mathrm{d}y = \int_0^{+\infty}\int_0^{+\infty} 2\mathrm{e}^{-(2x+y)}\mathrm{d}x\mathrm{d}y = \frac{2}{3}。$

（5）当 $x>0$，$y>0$ 时，

$$F(x, y) = \int_{-\infty}^{x}\int_{-\infty}^{y} f(u, v)\,\mathrm{d}u\mathrm{d}v = \int_{0}^{x}\int_{0}^{y} 2\mathrm{e}^{-2(u+v)}\mathrm{d}u\mathrm{d}v$$

$$= \int_{0}^{x} 2\mathrm{e}^{-2u}\mathrm{d}u\int_{0}^{y} \mathrm{e}^{-v}\mathrm{d}v = (1-\mathrm{e}^{-2x})\ (1-\mathrm{e}^{-y})\ .$$

当 $(x, y) \notin \{(x, y)\,|\,x>0,\ y>0\}$ 时，

$$F(x, y) = \int_{-\infty}^{x}\int_{-\infty}^{y} f(u, v)\,\mathrm{d}u\mathrm{d}v = \int_{-\infty}^{x}\int_{-\infty}^{y} 0\mathrm{d}u\mathrm{d}v = 0\ ,$$

即分布函数为

$$F(x, y) = \begin{cases} (1-\mathrm{e}^{-2x})\ (1-\mathrm{e}^{-y})\ , & x>0,\ y>0; \\ 0, & \text{其他。} \end{cases}$$

下面介绍两个常用的二维分布。

（1）二维均匀分布。若 $(X, Y)$ 的联合概率密度为

$$f(x, y) = \begin{cases} \dfrac{1}{d}, & (x, y)\in G; \\ 0, & \text{其他。} \end{cases}$$

其中 $d$ 是平面区域 $G$ 的面积，称随机变量 $(X, Y)$ 服从区域 $G$ 上的均匀分布。

例 2-10：设 $(X, Y)$ 服从区域 $G$ 上的均匀分布，其中 $G=\{|x|<1,\ |y|<1\}$，试求关于 $t$ 的一元二次方程 $t^2+Xt+Y=0$ 的无实根的概率。

解：先求出 $(X, Y)$ 的联合概率密度，由于 $G$ 的面积为 4，因此联合概率密度为

$$f(x, y) = \begin{cases} \dfrac{1}{4}, & (x, y)\in G; \\ 0, & \text{其他。} \end{cases}$$

于是，所求概率为

$$P(X^2 - 4Y < 0) = P((X, Y)\in D) = \iint_{D} f(x, y)\,\mathrm{d}x\mathrm{d}y$$

$$= \int_{-1}^{1}\mathrm{d}x\int_{x^2/4}^{1} \frac{1}{4}\mathrm{d}y = \frac{1}{24}。$$

（2）二维正态分布。如果随机变量 $(X, Y)$ 的概率密度为

$$f(x,\ y) = \frac{1}{2\pi\sigma_1\sigma_2\sqrt{1-\rho^2}} \times$$

$$\exp\left\{-\frac{1}{2(1-\rho)^2}\left[\frac{(x-\mu_1)^2}{\sigma_1^2} - 2\rho\frac{(x-\mu_1)}{\sigma_1\sigma_2}\frac{(y-\mu_2)}{\sigma_1\sigma_2} + \frac{(y-\mu_2)^2}{\sigma_2^2}\right]\right\},$$

$$-\infty < x,\ y < +\infty。$$

那么，称随机变量 $(X,\ Y)$ 服从参数为 $\mu_1$，$\mu_2$，$\sigma_1^2$，$\sigma_2^2$，$\rho$ 的二维正态分布，记作 $(X,\ Y) \sim N(\mu_1,\ \mu_2,\ \sigma_1^2,\ \sigma_2^2,\ \rho)$。其中 $-\infty < \mu_1$，$\mu_2 < +\infty$，$\sigma_1^2, \sigma_2^2 > 0, |\rho| < 1$。

### （二）边缘分布

对于二维连续型随机变量 $(X,\ Y)$，事件 $\{X \leqslant x\}$ 可以表示成 $\{X \leqslant x, Y < +\infty\}$，与二维离散型随机变量相类似，由 $(X,\ Y)$ 的联合分布函数也可以求出 $X$ 的边缘分布函数。若 $(X,\ Y)$ 的联合概率密度为 $f(x,\ y)$，则 $X$ 的边缘分布函数为

$$F_X(x) = P(X \leqslant x) = P(X \leqslant x, Y < +\infty)$$

$$= \int_{-\infty}^{x}\left[\int_{-\infty}^{x} f(x,\ y)\ \mathrm{d}y\right]\mathrm{d}x。$$

由此可以求得 $X$ 的边缘概率密度为

$$f_x(x) = F_x'(x) = \int_{-\infty}^{+\infty} f(x,\ y)\ \mathrm{d}y。$$

同理，可以得到 $Y$ 的边缘分布函数和边缘概率密度：

$$F_Y(y) = P(Y \leqslant y) = P(X < +\infty, Y \leqslant y)$$

$$= \int_{-\infty}^{y}\left[\int_{-\infty}^{-\infty} f(x,\ y)\ \mathrm{d}x\right]\mathrm{d}y。$$

$$f_Y(y) = F_Y'(y) = \int_{-\infty}^{+\infty} f(x,\ y)\ \mathrm{d}x。$$

# 第三章　随机变量的数字特征综述

## 第一节　随机变量的数学期望简述

### 一、数学期望的定义

先看一个例子。

例 3-1：某车间生产一种自行车配件，每天质检员都从一大批这种配件中随机地取出 $n$ 个来检验。以 $X$ 表示查出的次品件数。如果检查了 $N$ 天，查出次品为 0，1，2，$\cdots$，$n$ 个天数分别为 $m_0$，$m_1$，$\cdots$，$m_n$（$m_0+m_1+\cdots+m_n=N$），那么 $N$ 天中查出的次品总数为 $\sum\limits_{k=0}^{n} km_k$，于是平均每天查出

$$\frac{1}{N}\sum_{k=0}^{n} km_k = \sum_{k=0}^{n} k\frac{m_k}{N}。$$

个次品。如果记 $p_k = P\{X=k\}\{k=0,1,2,\cdots,n\}$，由于 $\dfrac{m_k}{N}$ 是 $N$ 次试验中出现 $k$ 个次品的频率，那么当 $N$ 充分大时，频率 $\dfrac{m_k}{N}$ 将接近于 $X$ 取 $k$ 值的概率，即 $\dfrac{m_k}{N}\approx p_k$。因此

$$\sum_{k=0}^{n} k\frac{m_k}{N} = \sum_{k=0}^{n} kp_k。$$

上式表明，当试验次数很大时，随机变量 $X$ 的观察值的算术平均值 $\sum\limits_{k=0}^{n} k\dfrac{m_k}{N}$ 将接近于 $\sum\limits_{k=0}^{n} kp_k$。由于数 $\sum\limits_{k=0}^{n} kp_k$ 不依赖于试验的次数 $N$，也不受这 $N$

次试验是由何人做的影响，因此它是随机变量 $X$ 的某种客观属性，称 $\sum_{k=0}^{n} kp_k$ 为随机变量 $X$ 的数学期望或理论均值。

下面来介绍数学期望的定义。

定义：设离散型随机变量 $X$ 的分布律为 $P\{X=x_i\}=p_i$，$i=1$，2，…。若级数 $\sum_{i=1}^{\infty} x_i p_i$ 绝对收敛，则称 $\sum_{i=1}^{\infty} x_i p_i$ 为随机变量 $X$ 的数学期望，记作 $E(X)$，即

$$E(X) = \sum_{i=1}^{\infty} x_i p_i。$$

上式的右端是无穷级数。由于数学期望（均值）应与 $X$ 的取值 $x_1$，$x_2$，… $x_n$，…的排列次序无关，为此要求 $\sum_{i=1}^{\infty} x_i p_i$ 无论以何种方式重排各项的求和顺序都能收敛到同一数值，但这是有条件的。根据级数理论，若 $\sum_{i=1}^{\infty} x_i p_i$ 是绝对收敛的，那么就可以满足上述要求。

对连续随机变量的情形，可以用积分代替求和，从而得到相应的数学期望的定义。

定义：设连续性随机变量 $X$ 的概率密度为 $f(x)$，若积分 $\int_{-\infty}^{+\infty} xf(x)\,\mathrm{d}x$ 绝对收敛，则称 $\int_{-\infty}^{+\infty} xf(x)\,\mathrm{d}x$ 为随机变量 $X$ 的数学期望，记为 $E(X)$，即

$$E(X) = \int_{-\infty}^{+\infty} xf(x)\,\mathrm{d}x。$$

利用黎曼 - 斯蒂尔吉斯积分概念，可以把任何类型随机变量的数学期望统一地定义如下。

设随机定量 $X$ 的分布函数为 $F(X)$，若 R-S 积分 $\int_{-\infty}^{+\infty} x\mathrm{d}F(x)$ 绝对收敛，则称 $\int_{-\infty}^{+\infty} x\mathrm{d}F(x)$ 为随机变量 $X$ 的数学期望，记为 $E(X)$，即

$$E(X) = \int_{-\infty}^{+\infty} x\mathrm{d}F(x)。$$

## 二、随机变量函数的数学期望

对一维随机变量的函数情形，有以下定理。

定理：设随机变量 $X$ 的分布函数为 $F_X(x)$，若 $y=g(x)$ 为连续函数，且 $\int_{-\infty}^{+\infty} g(x)\,\mathrm{d}F_X(x)$ 绝对收敛，则

$$E(Y) = E[g(X)] = \int_{-\infty}^{+\infty} g(x)\,\mathrm{d}F_X(x) \quad 。$$

要计算随机变量 $Y=g(X)$ 的数学期望，应当先由随机变量 $X$ 的分布函数确定出 $Y$ 的分布函数 $F_Y(y)$，再按随机变量数学期望的定义，计算：

$$E(Y) = \int_{-\infty}^{+\infty} y\mathrm{d}F_Y(y) \quad 。$$

## 三、数学期望的性质

本段约定，$C$，$C_i$ 等代表常数，$X$，$X_i$，$Y$ 等代表随机变量，并且所提到的各随机变量的数学期望都是存在的。

数学期望具有如下性质。

（1）$E(C)=C$。

（2）$E(CX)=CE(X)$。

（3）$E(X+Y)=E(X)+E(Y)$。

（4）若 $X$ 与 $Y$ 相互独立，则 $E(XY)=E(X)E(Y)$。

上述性质（1）和性质（2）的证明留给读者，下面来证明性质（3）和性质（4）。

设 $F(x,y)$，$F_X(x)$ 与 $F_Y(y)$ 分别为 $(X,Y)$ 的联合分布函数以及关于 $X$、$Y$ 的边缘分布函数。因为

$$
\begin{aligned}
E(X+Y) &= \int_{-\infty}^{+\infty}\int_{-\infty}^{+\infty}(x+y)\,\mathrm{d}F(x,\ y) \\
&= \int_{-\infty}^{+\infty}\int_{-\infty}^{+\infty}x\mathrm{d}F(x,\ y) + +\int_{-\infty}^{+\infty}\int_{-\infty}^{+\infty}y\mathrm{d}F(x,\ y) \\
&= E(X) + E(Y) \quad 。
\end{aligned}
$$

故证明了性质（3）的公式。

由于 $X$ 与 $Y$ 相互独立，所以 $F(x,y)=F_X(x)F_Y(y)$。因而

$$E(XY) = \int_{-\infty}^{+\infty} \int_{-\infty}^{+\infty} xy \mathrm{d}F(x, y)$$

$$= \int_{-\infty}^{+\infty} x \mathrm{d}F_X(x) \int_{-\infty}^{+\infty} y \mathrm{d}F_Y(y)$$

$$= E(X) \, E(Y) \, .$$

于是，证明了性质（4）的公式。

把性质（2）与性质（3）结合起来，则有

$$E(C_1 X + C_2 Y) = C_1 E(X) + C_2 E(Y) \, .$$

一般地，有

$$E\left(\sum_{i=1}^{n} C_i X_i\right) = \sum_{i=1}^{n} C_i E(X_i) \, .$$

性质（4）可以推广到 $n$（$n>2$）个相互独立的随机变量的情形，即若 $X_1$，$X_2$，$\cdots$，$X_n$ 是 $n$ 个相互独立的随机变量，则

$$E(X_1, X_2, \cdots, X_n) = E(X_1), E(X_2) \cdots E(X_n) \, .$$

例 3-2：设 $X \sim B(n, p)$，试利用期望的性质计算 $E(X)$。

解：注意到 $X$ 为 $n$ 次独立重复试验中某事件 $A$ 发生的次数，并且在每次试验中 $A$ 发生的概率为 $p$，现引入随机变量：

$$X_k = \begin{cases} 1, & \text{当第} k \text{次试验时事件} A \text{发生,} \\ 0, & \text{当第} k \text{次试验时事件} A \text{不发生,} \end{cases} \quad k = 1, 2, \cdots, n \, .$$

则 $X_1$，$X_2$，$\cdots$，$X_n$ 相互独立，且有

$$X = X_1 + X_2 + \cdots + X_n \, .$$

由于

$$P\{X_k = 1\} = P(A) = p, \quad P\{X_k = 0\} = P(\bar{A}) = 1 - p \, .$$

故

$$E(X_k) = 1 \times p + 0(1 - p) = p \ (k = 1, 2, \cdots, n) \, .$$

可知

$$E(X) = E(X_1) + E(X_2) + \cdots + E(X_n) = np \, .$$

# 第二节 方差与协方差

## 一、方差

### （一）方差和标准差

先看一个例子。

例 3-3：设甲、乙两名射击运动员在一次射击比赛中打出的环数分别为 $X$、$Y$，并有如下规律：

$$X \sim \begin{pmatrix} 10 & 9 & 8 & 7 \\ 0.4 & 0.3 & 0.2 & 0.1 \end{pmatrix}, \quad Y \sim \begin{pmatrix} 10 & 9 & 8 \\ 0.25 & 0.5 & 0.25 \end{pmatrix}。$$

经过计算可知，甲、乙两人打出的平均环数相同（$EX=9$，$EY=9$），但比较两人打出环数的分布律可以发现乙比甲在比赛中波动更小，表现更为稳定，从这一个意义上讲，乙优于甲。然而，这一点从两人射击环数的期望值上是看不出来的。因此有必要引入一个能描述随机变量 $X$ 对期望 $E(X)$ 的分散程度的量。

我们用 $E\{[X - E(X)]^2\}$ 来度量 $X$ 对其期望 $E(X)$ 的分散程度。这个量就叫作 $X$ 的方差（"平均平方差"）。

定义：设 $X$ 为随机变量，若 $E\{[X - E(X)]^2\}$ 存在，则

$$D(x) = E\{[X - E(X)]^2\}$$

称为随机变量 $X$ 的方差，而称 $\sqrt{D(X)}$ 为 $X$ 的标准差，记为 $\sigma(X)$，即

$$\sigma(X) = \sqrt{D(X)}。$$

由于 $\sigma(X)$ 的量纲与 $X$ 的量纲相同，因而在工程技术领域中常用标准差 $\sigma(X)$。

若记 $\mu = E(X)$，因为

$$[X - E(X)]^2 = (X - \mu)^2 = X^2 - 2\mu X + \mu^2。$$

根据数学期望的性质，有

$$E\{[X - E(X)]^2\} = E(X^2) - (EX)^2。$$

例 3-4：设 $X$ 服从单点分布，$P\{X = C\} = 1$，求 $D(X)$。

解：因为

$$E(X) = C \quad 1 = C, \quad E(X^2) = C^2 \quad 1 = C^2 。$$

所以

$$D(X) = E(X^2) - [E(X)]^2 = C^2 - C^2 = 0 。$$

### （二）方差的性质

在下列性质中，$C$ 等代表常数，$X$，$Y$ 等代表随机变量。

（1）$D(C) = 0$。

（2）$D(CX) = C^2 D(X)$。

（3）若 $X$ 与 $Y$ 相互独立，则 $D(X \pm Y) = D(X) + D(Y)$。

（4）$D(X) = 0$ 的充要条件是 $P\{X = E(X)\} = 1$。

性质（1）（2）的证明比较简单，我们主要证明性质（3）和性质（4），先证明性质（3）。

由于

$$[(X \pm Y) - E(X \pm Y)]^2 = (X - EX)^2 \pm 2(X - EX) \ (Y - EY) + (Y - EY)^2 。$$

在上式两端同取数学期望并由数学期望的性质，得

$$E\left\{[(X \pm Y) - E(X \pm Y)]^2\right\}$$

$$= E[(X - EX)^2] \pm 2E[(X - EX) \ (Y - EY)] + E[(Y - EY)^2]$$

已知 $X$ 与 $Y$ 相互独立，故（$X$-$EX$）与（$Y$-$EY$）也相互独立，因而

$$E[(X - EX) \ (Y - EY)] = E(X - EX) \ E(Y - EY) = 0 。$$

于是

$$D(X \pm Y) = E\{[X \pm Y - E(X \pm Y)]^2\}$$
$$= E[(X - EX)^2] + E[(X - EY)^2]$$
$$= D(X) + D(Y) 。$$

在证明性质（4）之前，先来讨论一个引理。

引理（马尔可夫不等式）：对于随机变量 $X$，若 $E\left(|X|^r\right) < \infty (r > 0)$，则对任意正数 $\varepsilon$，有

$$P\{|X| \geqslant \varepsilon\} \leqslant \frac{E(|X|^r)}{\varepsilon^r} 。$$

证：

$$P\{|X|\geqslant\varepsilon\}=\int_{|X|\geqslant\varepsilon}\mathrm{d}F_X(x)$$

$$\leqslant\int_{|X|\geqslant\varepsilon}\frac{|x|^r}{\varepsilon^r}\mathrm{d}F_X(x)\quad\left(\text{因为}1\leqslant\frac{|x|^r}{\varepsilon^r}\right)$$

$$\leqslant\int_{-\infty}^{+\infty}\frac{|x|^r}{\varepsilon^r}\mathrm{d}F_X(x)$$

$$=\frac{E(|X|^r)}{\varepsilon^r}\text{。}$$

现在我们来证明性质（4），只需要证明必要性（"$\Rightarrow$"），设 $D(X)$ =0，在马尔可夫不等式中，取 $r=2$，并以 $X-E(X)$ 代替 $X$，则对 $\forall\varepsilon>0$，有

$$P\{|X-E(X)|\geqslant\varepsilon\}\leqslant\frac{D(X)}{\varepsilon^2}=0\text{。}$$

因为 $\{|X-E(X)|\neq0\}=\bigcup_{n-1}^{\infty}\left\{|X-E(X)|\geqslant\frac{1}{n}\right\}$，且 $\left\{|X-E(X)|\geqslant\frac{1}{n}\right\}\subset$

$\left\{|X-E(X)|\geqslant\frac{1}{n+1}\right\}$，（$n=1$，$2$，$\cdots$），由概率的连续性得

$$P\{|X-E(X)|\neq0\}=\lim_{n\to\infty}P\left\{|X-E(X)|\geqslant\frac{1}{n}\right\}=0\text{。}$$

所以

$$P\{|X=E(X)|\}=1-P\{|X=E(X)|\neq0\}=1\text{。}$$

## 二、协方差

定义：设（$\xi$，$\eta$）为二维随机变量，若 $E[(\xi-E(\xi))(\eta-E(\eta))]$ 存在，则称它为 $\xi$ 与 $\eta$ 的协方差，记作 cov（$\xi$，$\eta$），即

cov（$\xi$，$\eta$）=$E[(\xi-E(\xi))(\eta-E(\eta))]$。

特别地

cov（$\xi$，$\xi$）=$E[(\xi-E(\xi))(\xi-E(\xi))]$=$E[\xi-E(\xi)]^2$=$D(\xi)$，

cov（$\eta$，$\eta$）=$E[(\eta-E(\eta))(\eta-E(\eta))]$=$E[\eta-E(\eta)]^2$=$D(\eta)$。

故方差 $D(\xi)$、$D(\eta)$ 是协方差的特例。

协方差具有下列性质。

定理：设以下涉及的协方差均存在，则

（1）cov（$\xi$，$\eta$）=$E(\xi\eta)-E(\xi)E(\eta)$]。

（2）cov（$\xi$, $\eta$）=cov（$\eta$, $\xi$）。

（3）cov（$\xi_1+\xi_2$, $\eta$）=cov（$\xi_1$, $\eta$）+cov（$\xi_2$, $\eta$）。

（4）cov（$a\xi$, $b\xi$）=$ab$cov（$\xi$, $\eta$）。

（5）cov（$\xi$, $a$）=cov（$\eta$, $b$）=0，其中 $a$, $b$ 为任意常数。

（6）$D$（$\xi$, $\eta$）=$D$（$\xi$）+$D$（$\eta$）+2cov（$\xi$, $\eta$）。

# 第三节  相关系数与矩

## 一、相关系数

定义：设 cov（$\xi$, $\eta$）存在，且 $D$（$\xi$）、$D$（$\eta$）大于零，则称

$$\frac{\text{cov}(\xi, \eta)}{\sqrt{D(\xi)}\sqrt{D(\eta)}}。$$

为 $\xi$ 与 $\eta$ 的相关系数，记作 $\rho_{\xi\eta}$，简记为 $\rho$，即

$$\rho_{\xi\eta} = \rho = \frac{\text{cov}(\xi, \eta)}{\sqrt{D(\xi)}\sqrt{D(\eta)}}。$$

定义：若随机变量 $\xi$ 与 $\eta$ 的相关系数 $\rho=0$，则称 $\xi$ 与 $\eta$ 不相关；若 $\rho \neq 0$，则称 $\xi$ 与 $\eta$ 相关。

## 二、矩

定义：设 $X$ 为随机变量，若

$$a_n = E(X^n)$$

存在，则称它为 $X$ 的 $n$ 阶原点矩。若

$$\mu_n = E[(X - EX)^n]$$

存在，则称它为 $X$ 的 $n$ 阶中心矩。

由上述定义可见，$X$ 的数学期望 $EX$ 是 $X$ 的一阶原点矩，而方差 $EX$ 是 $X$ 的二阶中心矩。

因为

$$\mu_n = E[(X-EX)^n] = E\left[\sum_{k=0}^{n}\binom{n}{k}X^k(-EX)^{n-k}\right]$$

$$= \sum_{k=0}^{n}\binom{n}{k}E(X^k)\ \ (-EX)^{n-k} = \sum_{k=0}^{n}\binom{n}{k}a_k(-a_1)^{n-k}\text{。}$$

所以，若能求得 $X$ 的前 $n$ 阶原点矩，则它的 $n$ 阶中心矩可由上式确定。特别地，当 $n=2$ 时，有 $\mu_2 = a_2 - a_1^2$，此即

$DX=E（X^2）-（EX）^2$。

定义：设（$X$，$Y$）为二维随机变量，$k$，$l$ 为非负整数。若

$$a_{kl} = E[X^k Y^l]$$

存在，则称它为（$X$，$Y$）的 $k+l$ 阶混合原点矩。若

$$\mu_{kl} = [(X-EX)^k(Y-EY)^l]$$

存在，则称它为（$X$，$Y$）的 $k+l$ 阶混合中心矩。

根据上述定义，$X$ 与 $Y$ 的协方差可表示为 $\mathrm{cov}(X，Y) = \mu_{11}$，而相关系数则可表示为

$$\rho(X，Y) = \frac{\mu_{11}}{\sqrt{\mu_{20}}\sqrt{\mu_{20}}}\text{。}$$

# 第四节　条件期望与条件方差分析

利用条件分布并仿照数学期望与方差的定义方式，笔者引入条件期望与条件方差的定义。

设 $X$，$Y$ 为随机变量，在 $Y=y$ 条件下，$X$ 的条件期望定义为

$$E(X \mid Y=y) = \int_{-\infty}^{+\infty} x \mathrm{d}F_{X|Y}(x \mid y)$$

$$= \begin{cases} \sum_i x_i P(X=x_i \mid Y=y), & X，Y \text{ 是离散型的,} \\ \int_{-\infty}^{+\infty} x f_{X|Y}(x \mid y)\ \mathrm{d}x, & X，Y \text{ 是连续型的.} \end{cases}$$

$X$的条件方差定义为

$$
\begin{aligned}
D(X \mid Y = y) &= \hat{E}\{[X - E(X \mid Y = y)]^2 \mid Y = y\} \\
&= \int_{-\infty}^{+\infty} [x - E(X \mid Y = y)]^2 \, dF_{X|Y}(x \mid y) \\
&= \begin{cases} \sum_i [x_i - E(X \mid Y = y)]^2 P(X = x_i \mid Y = y), & X,\ Y\text{是离散型的}, \\ \int_{-\infty}^{+\infty} [x - E(X \mid Y = y)]^2 f_{X|Y}(x \mid y) \, dx, & X,\ Y\text{是连续型的}。 \end{cases}
\end{aligned}
$$

这里，$P\{X = x_i \mid Y = y\} = \dfrac{P(X = x_i,\ Y = y)}{P\{Y = y\}}$ 是在 $Y=y$ 条件下 $X$ 的条件分布律；$f_{X|Y}(X \mid Y) = \dfrac{f(x,\ y)}{f_Y(y)}$ 是在 $Y=y$ 条件下 $X$ 的条件概率密度，并且假定定义式右端的无穷级数或者广义积分为绝对收敛。

例 3-5：设二维随机变量（$X$，$Y$）有联合概率密度为

$$
f(x,\ y) = \begin{cases} \dfrac{5}{4} e^{\frac{x}{2}}, & 0 < 5y < x < +\infty, \\ 0, & \text{其他}。 \end{cases}
$$

试求：$E[X|Y=y]$ 与 $D[X|Y=y]$，这里，$0<y<+\infty$。

解：首先，由 $f_Y(y) = \int_{-\infty}^{+\infty} f(x,\ y) \, dx$，得（$X$，$Y$）关于 $Y$ 的边缘概率密度为

$$
f_Y(y) = \begin{cases} \dfrac{5}{2} e^{-\frac{5y}{2}}, & 0 < y < +\infty, \\ 0, & \text{其他}。 \end{cases}
$$

其次，由 $f_{X|Y}(x|y) = f(x,\ y)/f_Y(y)$，得 $Y=y$ 条件下 $X$ 的条件概率密度为

$$
f_{X|Y}(x \mid y) = \begin{cases} \dfrac{1}{2} e^{-\frac{x-5y}{2}}, & 5y < x < +\infty, \\ 0, & \text{其他}。 \end{cases}
$$

其中，参数 $y>0$。

因而

$$E[X \mid Y = y] = \int_{-\infty}^{+\infty} x f_{X|Y}(x \mid y)$$
$$= \int_{-\infty}^{+\infty} \frac{x}{2} \mathrm{e}^{-\frac{x-5y}{2}} \, \mathrm{d}x$$
$$= 5y + 2_{\circ}$$

又因

$$E[X^2 \mid Y = y] = \int_{-\infty}^{+\infty} x^2 f_{X|Y}(x \mid y) \, \mathrm{d}x$$
$$= \int_{5y}^{+\infty} \frac{x^2}{2} \mathrm{e}^{-\frac{x-5y}{2}} \, \mathrm{d}x$$
$$= (5y)^2 + 4(5y + 2) \ _{\circ}$$

故

$$D[X \mid Y = y] = E[X^2 \mid Y = y] - E^2[X \mid Y = y]$$
$$= (5y)^2 + 4(5y + 2) - (5y + 2)^2$$
$$= 4_{\circ}$$

注意到 $E(X|Y=y)$ 是 $y$ 的函数，我们定义 $E(X|Y)$ 为随机变量 $Y$ 的函数，其对应法则为当 $Y=y$ 时，取值 $E(X|Y=y)$。对随机变量 $E(X|Y)$，有如下重要结论。

全期望公式：

$$E(X) = E[E(X \mid Y)]$$
$$= \begin{cases} \sum_j E(X \mid Y = y_j) P\{Y = y_j\}, & \text{离散型,} \\ \int_{-\infty}^{+\infty} E(X \mid Y = y) \, f_Y(y) \, \mathrm{d}y, & \text{连续型.} \end{cases}$$

以下我们仅就连续型随机变量来验证这一公式的正确性。

$$\int_{-\infty}^{+\infty} E(X \mid Y = y) \, f_Y(y) \, \mathrm{d}y = \int_{-\infty}^{+\infty} \left[ \int_{-\infty}^{+\infty} x f_{X|Y}(x \mid y) \, \mathrm{d}x \right] f_Y(y) \, \mathrm{d}y$$
$$= \int_{-\infty}^{+\infty} \int_{-\infty}^{+\infty} x f_{X|Y}(x \mid y) \, f_Y(y) \, \mathrm{d}x\mathrm{d}y$$
$$= \int_{-\infty}^{+\infty} \int_{-\infty}^{+\infty} x f(x \mid y) \, \mathrm{d}x\mathrm{d}y$$
$$= E(X) \ _{\circ}$$

全期望公式是全概率公式的推广。事实上，记 $I_A(\omega)$ 为事件 $A$ 的示性函数，即

$$I_A(\omega) = \begin{cases} 1, & \omega \in A, \\ 1, & \omega \in \bar{A}. \end{cases}$$

易知 $E(I_A) = P(A)$ ， $E(I_A | Y = y) = P(A | Y = y)$ 。

$$P(A) = \begin{cases} \sum_j P(A | Y = y_j) \ P(Y - y_i), \\ \int_{-\infty}^{+\infty} P(A | Y = y) \ f_Y(y) \ dy. \end{cases}$$

全方差公式：

$D(X) = E[D(X|Y)] + D[E(X|Y)]$。

# 第四章　大数定律与中心极限定理

## 第一节　大数定律

我们知道，随机事件发生的频率随着试验次数的增加而逐渐稳定于某个常数，即事件发生的频率具有稳定性。实际上，大量测量值的算术平均值也具有稳定性，这正是大数定律的客观背景。

定义：设有随机变量序列 $\{X_n\}_{n=1}^{\infty}$ 和常数 $a$，如果对任意正数 $\varepsilon$，有

$$\lim_{n \to \infty} P\{|X_n - a| < \varepsilon\} = 1，$$

则称随机变量序列 $\{X_n\}_{n=1}^{\infty}$ 依概率收敛于常数 $a$。

定义：设有随机变量序列 $\{X_n\}_{n=1}^{\infty}$，如果对任意自然数 $n$，随机变量 $X_1$，$X_2$，$\cdots$，$X_n \cdots$ 两两不相关，每个随机变量均存在有限方差 $D(X_i)$，且 $D(X_i)$ 均有公共上界 $D(X_i) \leqslant K(i = 1,\ 2,\ \cdots)$，则对任意正数 $\varepsilon$，均有

$$\lim_{n \to \infty} P\left\{ \left| \frac{1}{n}\sum_{i=1}^{n} X_i - \frac{1}{n}\sum_{i=1}^{n} E(X_i) \right| < \varepsilon \right\} = 1。$$

证：因为 $X_1$，$X_2$，$\cdots$，$X_n \cdots$ 两两不相关，所以

$$D\left( \frac{1}{n}\sum_{i=1}^{n} X_i \right) = \frac{1}{n^2}\sum_{i=1}^{n} D(X_i) \leqslant \frac{K}{n}，$$

又由切比雪夫不等式得

$$1 - \frac{K}{n\varepsilon^2} \leqslant P\left\{ \left| \frac{1}{n}\sum_{i=1}^{n} X_i - \frac{1}{n}\sum_{i=1}^{n} (X_i) \right| < \varepsilon \right\} \leqslant 1，$$

故

$$\lim_{n \to \infty} P\left\{\left|\frac{1}{n}\sum_{i=1}^{n} X_i - \frac{1}{n}\sum_{i=1}^{n} E(X_i)\right| < \varepsilon\right\} = 1 \, 。$$

切比雪夫大数定律表明：在一定条件下，随机变量序列 $\{X_n\}_{n=1}^{\infty}$ 的算术平均序列

$$Y_n = \frac{1}{n}\sum_{i=1}^{n} X_i \quad (n = 1,\ 2,\ \cdots) \, ,$$

依概率收敛于其期望

$$\mu_n = -\frac{1}{n}\sum_{i=1}^{n} E(X_i) \quad (n = 1,\ 2,\ \cdots) \, 。$$

推论，设随机变量 $X_1$，$X_2$，$\cdots$，$X_n$，$\cdots$ 相互独立，且存在相同的期望 $E = (X_i) = \mu$ 和方差 $D(X_i) = \sigma^2$（$i = 1,\ 2,\ \cdots$），则对任意正数 $\varepsilon$，有

$$\lim_{n \to \infty} P\left\{\left|\frac{1}{n}\sum_{i=1}^{n} X_i - \mu\right| < \varepsilon\right\} = 1 \, 。$$

根据上述推论，如果要测量一个量 $\mu$，$\mu$，则我们可在相同条件下重复测量 $n$ 次，所得到的观察值可视为独立同分布随机变量 $X_1$，$X_2$，$\cdots$，$X_n$ 的观察值，从而当 $n$ 充分大时，可取 $\frac{1}{n}\sum_{i=1}^{n} X_i$ 作为 $\mu$ 的近似值。

定理（贝努里大数定律）：设 $n_A$ 是 $n$ 次独立重复试验中事件 $A$ 发生的次数，$p$ 是事件 $A$ 在每次试验中发生的概率，则对任意正数 $\varepsilon$，均有

$$\lim_{n \to \infty} P\left\{\left|\frac{n_A}{n} - p\right| < \varepsilon\right\} = 1 \, 。$$

证：设随机变量

$$X_i = \begin{cases} 1, & A\text{在第}i\text{次试验中发生，} \\ 0, & A\text{在第}i\text{次试验中不发生，} \end{cases} \quad i = 1,\ 2,\ \cdots,\ n \, 。$$

则 $X_1$，$X_2$，$\cdots$，$X_n$，$\cdots$ 相互独立，服从相同的 0-1 分布，且

$$n_A = \sum_{i=1}^{n} X_i \, 。$$

由定理的推论可得

$$\lim_{n \to \infty} P\left\{\left|\frac{n_A}{n} - p\right| < \varepsilon\right\} = 1 \, 。$$

贝努里大数定律表明，随机事件发生的频率依概率收敛于其概率。因此，当重复试验次数足够大时，就可用事件的频率来近似代替事件的概率。

下面，我们不加证明地给出在应用上很重要的辛钦大数定律。

定理（辛钦大数定律）：设随机变量 $X_1$，$X_2$，$\cdots$，$X_n$，$\cdots$ 相互独立，服从相同分布且存在有限的期望 $E(X_i) = \mu (i = 1, 2, \cdots)$，则对任意正数 $\varepsilon$，有

$$\lim_{n \to \infty} P\left\{\left|\frac{1}{n}\sum_{i=1}^{n} X_i - \mu\right| < \varepsilon\right\} = 1 。$$

# 第二节　中心极限定理

中心极限定理是概率论中最著名的结果之一。粗略地说，中心极限定理指出，大量的随机变量之和近似服从正态分布。因此，它不仅提供了计算独立随机变量之和的概率的近似方法，而且有助于解释为什么很多自然群体的经验频率呈现出正态曲线这一值得注意的事实。在此，我们不加证明地给出下列定理。

定理：（列维 - 林德贝格中心极限定理）设随机变量 $X_1$，$X_2$，$\cdots$，$X_n$，$\cdots$ 相互独立，服从同一分布且具有期望 $E(X_i) = \mu$ 和方差 $D(X_i) = \sigma^2 \neq 0$（$i = 1, 2, \cdots$），则随机变量

$$Y_n = \frac{\sum_{i=1}^{n} X_i - E\left(\sum_{i=1}^{n} X_i\right)}{\sqrt{D\left(\sum_{i=1}^{n} X_i\right)}} = \frac{\sum_{i=1}^{n} X_i - n\mu}{\sqrt{n}\ \sigma}$$

的分布函数 $F_{Y_n}(x)$ 对于任意实数 $x$ 有

$$\lim_{n \to \infty} F_{Y_n}(x) = \lim_{n \to \infty} P\{Y_n \leqslant x\} = \Phi(x) ，$$

其中 $\Phi(x)$ 为标准正态分布函数。

由列维 - 林德贝格中心极限定理可得计算有关独立同分布随机变量和的事件概率的近似公式：

$$P\left\{\sum_{i=1}^{n} X_i \geqslant x\right\} = P\left\{Y_n \leqslant \frac{x - n\mu}{\sqrt{n}\ \sigma}\right\} \approx \Phi\left(\frac{x - n\mu}{\sqrt{n}\ \sigma}\right) 。$$

例 4-1：设一加法器同时收到 20 个噪声电压 $V_k$（$k$=1，2，…，20），它们是相互独立的随机变量，且都服从区间（0，10）上的均匀分布，试求 $P\left\{\sum\limits_{k=1}^{20} V_k > 105\right\}$。

解：由于 $V_k \sim U$（0，10），所以

$$E(V_k) = 5, \quad D(V_k) = \frac{25}{3}(k = 1, 2, \cdots, 20) 。$$

由列维 - 林德贝格中心极限定理可得

$$P\left\{\sum_{k=1}^{20} V_k > 105\right\} = 1 - P\left\{\sum_{k=1}^{20} V_k \leqslant 105\right\}$$

$$= 1 - \Phi\left(\frac{105 - 20 \times 5}{\sqrt{20} \ 5/\sqrt{3}}\right) = 1 - \Phi(0.387)$$

$$\approx 1 - 0.6517 = 0.3483。$$

例 4-2：已知一部件包括 10 个部分，每个部分的长度都是一个随机变量，它们相互独立且服从同一分布，其数学期望为 2 mm，均方差为 0.05 mm。现规定总长度为（20±0.1）mm 时产品合格，试求该部件合格的概率。

解：设各部分长度为 $X_k$（$k$=1，2，…，10），记 $Y = \sum\limits_{k=1}^{10} X_k$，则 $Y$ 为该部件的总长度，且 $\mu = E(X_k) = 2$，$\sigma = \sqrt{D(X_k)} = 0.05$。由列维 - 林德贝格中心极限定理得

$$P\{|Y - 20| \leqslant 0.1\} = P\{19.9 \leqslant Y \leqslant 20.1\}$$

$$\approx \Phi\left(\frac{20.1 - 20}{0.05\sqrt{10}}\right) - \Phi\left(\frac{19.9 - 20}{0.05\sqrt{10}}\right)$$

$$\approx \Phi(0.63) - \Phi(-0.63) = 2\Phi(0.63) - 1$$

$$\approx 2 \times 0.7357 - 1 = 0.4714。$$

定理（德莫佛 - 拉普拉斯中心极限定理）：设随机变量 $\eta_n$（$n$=1，2，…）服从参数为 $n$，$p(0 < p < 1)$ 的二项分布，则对任意 $x$ 均有

$$\lim_{n \to \infty} P\left\{\frac{\eta_n - np}{\sqrt{np(1-p)}} \leqslant x\right\} = \Phi(x) 。$$

显然，德莫佛 - 拉普拉斯中心极限定理是列维 - 林德贝格中心极限定理的特殊情形，$X_1$，$X_2$，…，$X_n$，… 相互独立且均服从同一个 0-1 分

布，$\eta_n = \sum\limits_{k=1}^{n} X_k$。

德莫佛-拉普拉斯中心极限定理表明，正态分布是二项分布的极限分布，由此，我们可利用它来计算有关二项分布的概率：

$$P\left\{a < \frac{\eta_n - np}{\sqrt{npq}} \leqslant b\right\} \approx \Phi(b) - \Phi(a)，$$

或

$$P\{a < \eta_n \leqslant b\} \approx \Phi\left(\frac{b-np}{\sqrt{npq}}\right) - \Phi\left(\frac{a-np}{\sqrt{npq}}\right)。$$

例 4-3：一个复杂系统是由 100 个相互独立起作用的部件所组成的，在整个运行期间各部件损坏的概率为 0.10。为了使整个系统起作用，至少必须有 85 个部件正常工作，求整个系统起作用的概率。

解：设系统的 100 个部件中损坏的部件数为 $X$，则 $X \sim B(100, 0.1)$，从而

$E(X) = np = 10$，$D(X) = np(1-p) = 9$。

由德莫佛-拉普拉斯中心极限定理得整个系统正常工作的概率为

$$P\{0 \leqslant x \leqslant 15\} \approx \Phi\left(\frac{15-10}{3}\right) - \Phi\left(\frac{0-10}{3}\right)$$
$$= \Phi(1.666) - \Phi(-3.333)$$
$$= \Phi(1.666) + \Phi(-3.333) - 1$$
$$= 0.9525 + 0.995 - 1 = 0.9475。$$

例 4-4：一家保险公司有 3000 人参加保险，每人每年支付保险费 10 元，在一年内每个人死亡的概率为 0.001，死亡时家属可以从保险公司领取赔偿金 2000 元，求保险公司一年中获利不小于 10000 元的概率。

解：设参保的 3000 人中在一年内死亡人数为 $X$，获利为 30000-2000$X$，则

$X \sim B(3000, 0.001)$，$E(X) = np = 3$，

$D(X) = np(1-p) = 2.997$。

由德莫佛-拉普拉斯中心极限定理得保险公司一年获利不小于 10000 元的概率为

$$P\{10000 \leqslant 30000 - 2000X \leqslant 30000\}$$

$$= P\{0 \leqslant X \leqslant 10\} \approx \Phi\left(\frac{10-3}{\sqrt{2.997}}\right) - \Phi\left(\frac{0-3}{\sqrt{2.997}}\right)$$

$$= \Phi(4.0439) - \Phi(-1.7331) = \Phi(4.0439) + \Phi(1.7331) - 1$$

$$\approx 0.9582。$$

# 第五章　数理统计基础知识概述

## 第一节　样本与统计量的介绍

### 一、总体与样本

在数理统计中有两个重要的基本概念：总体，样本。为此有以下定义。

定义：称研究对象的全体为总体（或母体），而组成总体的每个元素称为个体。从总体中抽取若干个个体组成的集合称为样本（或子样），构成样本的每个个体也称为样品，样本中所含个体的个数称为样本的容量。

在实际问题中，往往我们关心的不是研究对象本身或研究对象所有特征，而只是它的某个（或某几个）数量指标及这些指标的概率分布，因此总体指的是这个（或这些）数量指标，记为 $X$。总体 $X$ 一般是一个随机变量，而这个随机变量 $X$ 的分布称为总体的分布。另外，根据总体中所含个体是有限个与无限个，又分有限总体及无限总体。

例如，研究一批灯泡的使用寿命，我们关心的并不是灯泡本身，而是灯泡的寿命这个数量指标，则灯泡的使用寿命为总体，$X$ 显然是个随机变量，$X$ 的分布是我们希望知道的，而这个分布即为总体的分布。组成这个总体的每个灯泡的使用寿命是个体，从这批产品中取出 20 个灯泡考察其使用寿命，即构成了一个容量为 20 的样本，研究这个样本，来对总体 $X$ 做出相应的估计与推断。

对样本中的每个个体，在试验或观测之前无法确定会得到一组怎样的数据，因此样本是一组随机变量，记为 $X_1$，$X_2$，$\cdots$，$X_n$ 或记成一个随机向量（$X_1$，$X_2$，$\cdots$，$X_n$）。而试验之后，这是一组确定的数值称为样本值，记为 $x_1$，$x_2$，$\cdots$，$x_n$。样本（$X_1$，$X_2$，$\cdots$，$X_n$）所有可能取值的全体称为样本空间，而样本值（$x_1$，$x_2$，$\cdots$，$x_n$）为样本空间的一个样本点。

为便于讨论，我们有以下简单随机样本的概念。

定义：设 $X$ 是一个总体，$X_1$，$X_2$，$\cdots$，$X_n$ 是来自 $X$ 的一组样本，若满足相互独立且每个 $x_i$ 与总体同分布（$i=1$，$2$，$\cdots$，$n$），则称 $X_1$，$X_2$，$\cdots$，$X_n$ 为一组简单随机样本，简称样本。

根据定义，总体 $X$ 的分布函数 $F(x)$，则样本 $X_1$，$X_2$，$\cdots$，$X_n$ 的联合分布函数为

$$F(x_1,\ x_2,\ \cdots,\ x_n) = \prod_{i=1}^{n} F(x_i) \ .$$

若 $X$ 是连续型随机变量，$f(x)$ 是 $X$ 的密度函数，则样本 $X_1$，$X_2$，$\cdots$，$X_n$ 的联合密度函数是

$$f(x_1,\ x_2,\ \cdots,\ x_n) = \prod_{i=1}^{n} f(x_i) \ .$$

若 $X$ 是离散型随机变量，则总体的概率函数（分布律）是

$$p(x) = p\{X = x\},\ x = a_k,\ \quad (k = 1,\ 2,\ \cdots) \ ,$$

则样本的联合概率函数（联合分布律）是

$$p(x_1,\ x_2,\ \cdots,\ x_n) = P(X_1 = x_1,\ X_2 = x_2,\ \cdots,\ X_n = x_n)$$
$$= \prod_{i=1}^{n} p(x_i),$$

其中，$x_1$，$x_2$，$\cdots$，$x_n$ 每一个值均取自 $X$ 的一切可能取值 $a_1$，$a_2$，$\cdots$之中。

例 5-1：对一批待出厂的 $N$ 件产品检查其次品率，从中有放回的任取 $n$ 件，$X$ 分别取 1，0 表示取得的产品是次品还是正品，$p$ 表示取得次品的概率，则总体 $X$ 服从参数为 $p$ 的 0-1 分布，对应分布律为

| $X$ | 0 | 1 |
|---|---|---|
| $p_i$ | $1-p$ | $p$ |

或写成

$$P(x_1,\ x_2,\ \cdots,\ x_n) = \prod_{i=1}^{n} p^{x_i}(1-p)^{1-x_i},\ x = 0,\ 1 \ 。$$

这里抽取得到的观察结果 $X_1$，$X_2$，$\cdots$，$X_n$ 是一个样本，即 $X_1$，$X_2$，$\cdots$，$X_n$ 是相互独立且均服从参数为 $p$ 的 0-1 分布，故样本的联合分布律为

$$P(x_1,\ x_2,\ \cdots,\ x_n) = \prod_{i=1}^{n} p^{x_i}(1-p)^{1-x^i},$$

其中 $x_i=0$，1，$i=1$，2，$\cdots$，$n$。

每组观察值 $(x_1, x_2, \cdots, x_n)$ 为由 0，1 组成的 $n$ 维向量，其对应样本空间是

$$\chi = \{(x_1, x_2, \cdots, x_n)\} \mid x_i = 0, 1; \ i = 1, 2, \cdots, n,$$

共有 $2^n$ 个样本点。

注意到对于有限总体 $X$ 而言，采用有放回抽样能保证抽样的独立性，若总体是可列个（可数个），有放回与不放回抽样是没有区别的，因此当总体中个体的个数 $N$ 很大，样本的容量相应较小（一般要求比值不超过 5%）时，可将总体视为无限的，使用不放回抽样代替有放回抽样，也认为所取样本 $X_1$，$X_2$，$\cdots$，$X_n$ 是简单随机样本。

## 二、统计量与样本矩

样本是对总体进行统计分析与推断的重要依据，但实际上我们往往不是直接利用样本进行推断的，而需要对样本进行适当的"加工"及"提炼"，将分散于样本中所含总体的信息集中起来，对不同的问题构造不同的样本的函数，为此以下给出统计量的概念。

定义：设 $X_1$，$X_2$，$\cdots$，$X_n$ 是来自总体 $X$ 的一个样本，且 $g(x_1, x_2, \cdots, x_n)$ 是一个 $n$ 元连续函数，若样本的函数

$T = g(X_1, X_2, \cdots, X_n)$

不含有任何未知参数，则称其为统计量。

显然，统计量也是一个随机变量，且统计量 $T$ 不含未知参数。由于样本的二重性，则统计量也具有相应的二重性，样本的一组观测值 $x_1, x_2, \cdots, x_n$ 确定时，$T = g(X_1, X_2, \cdots, X_n)$ 也是一个相应的确定的数值 $t = g(x_1, x_2, \cdots, x_n)$。

例如，设总体 $X \sim N(\mu, \sigma^2)$，$\mu$ 未知，$\sigma^2$ 已知，$X_1$，$X_2$，$\cdots$，$X_n$ 是 $X$ 的一个样本，则

$g_1(X_1, X_2, \cdots, X_n) = X_1 + 1$，

$g_2(X_1, X_2, \cdots, X_n) = \max\limits_{1 \leqslant i \leqslant n}\{X_i\} - \min\limits_{1 \leqslant i \leqslant n}\{X_i\}$，

$g_3(X_1, X_2, \cdots, X_n) = \dfrac{1}{n}\sum\limits_{i=1}^{n} X_i$，

$g_4(X_1, X_2, \cdots, X_n) = \dfrac{1}{\sigma^2}\sum\limits_{i=1}^{n} X_i + 2$

概率论与数理统计

均是统计量，而

$$g_5(X_1, X_2, \cdots, X_n) = \frac{1}{n}\prod_{i=1}^{n}(X_i - \mu)^2$$

就不是统计量，因为其含有未知参数 $\mu$。

以下介绍一些常见的统计量。

### （一）样本矩

先回忆一下在前面介绍过的随机变量 $X$ 的矩，设 $X$ 是总体时，称

$\mu_k = E(X^k)$ 是总体的 $k$ 阶原点矩；

$\gamma_k = E(X - E(K))^k$ 是总体的 $k$ 阶中心矩。

相应地有以下样本矩的概念。

定义：设 $X_1, X_2, \cdots, X_n$ 是来自于总体 $X$ 的一个样本，称

$$A_k = \frac{1}{n}\sum_{i=1}^{n}X_i^k \quad (k = 1, 2, \cdots)$$

为样本的 $k$ 阶原点矩；

$$B_k = \frac{1}{n}\sum_{i=1}^{n}(X_i - \bar{X})^k \quad (k = 1, 2, \cdots)$$

为样本的 $k$ 阶中心矩，其中

$$X = \frac{1}{n}\sum_{i=1}^{n}X_i。$$

特别地，

$X = \frac{1}{n}\sum_{i=1}^{n}X_i$ 称为样本均值（一阶原点矩），

$S_n^2 = \frac{1}{n}\sum_{i=1}^{n}(X_i - \bar{X})^2$ 称为大样本方差（二阶中心矩），

$S^{*2} = \frac{1}{n-1}\sum_{i=1}^{n}(X_i - \bar{X})^2$ 称为样本方差（也称为样本修正方差）。

没有特别说明，一般地样本方差就是指样本修正方差 $S^{*2}$，也经常记为

$$S^2 = \frac{1}{n-1}\sum_{i=1}^{n}(X_i - \bar{X})^2。$$

而对应的

$$S^* = \sqrt{\frac{1}{n-1}\sum_{i=1}^{n}(X_i - \bar{X})^2}, \ S_n = \sqrt{\frac{1}{n}\sum_{i=1}^{n}(X_i - \bar{X})^2}$$

分别称为样本修正标准差与大样本标准差。

不难证明，有计算公式：

$$S^{*2} = \frac{1}{n-1}\left(\sum_{i=1}^{n}X_i^2 - n\overline{X^2}\right)。$$

以上这些均是统计量。

样本均值刻画了样本的位置特征，而样本方差或对应样本标准差刻划了样本的分散特征。

当 $x_1, x_2, \cdots, x_n$ 为一组样本值时，对应的样本均值与样本方差是具体的数值，分别为

$$\bar{x} = \sum_{i=1}^{n}X_i ,$$

$$S^{*2} = \frac{1}{n-1}\sum_{i=1}^{n}(x_i - \bar{x})^2 = \frac{1}{n-1}\left(\sum_{i=1}^{n}x_i^2 - n\overline{x^2}\right) ,$$

$$S_n^2 = \frac{1}{n}\sum_{i=1}^{n}(x_i - \bar{x})^2 = \frac{1}{n}\sum_{i=1}^{n}x_i^2 - n\overline{x^2} 。$$

特别地，当样本值用频数分布表

| $X$ | $a_1$ | $a_2$ | $\cdots$ | $a_m$ |
|---|---|---|---|---|
| 频数 | $n_1$ | $n_2$ | $\cdots$ | $n_m$ |

给出时，则样本均值为

$$\bar{x} = \frac{1}{n}\sum_{i=1}^{n}n_i a_i ,$$

样本修正方差

$$S^{*2} = \frac{1}{n-1}\sum_{i=1}^{m}(a_i - \bar{x})^2 = \frac{1}{n-1}\left(\sum_{i=1}^{m}n_i a_i^2 - n\overline{x^2}\right)。$$

需要指出，总体 $X$ 的 $k$ 阶矩存在，则样本的 $k$ 阶矩必依概率收敛于总体的 $k$ 阶矩。

例如，$\mu_k = E(E^k)$ 是总体的 $k$ 阶原点矩，而 $A_k = \dfrac{1}{n}\sum\limits_{i=1}^{n} X_i^k$ 是样本的 $k$ 阶原点矩，由于 $X_1$，$X_2$，$\cdots$，$X_n$ 相互独立，且与总体 $X$ 同分布，则 $X_1^k$，$X_2^k$，$\cdots$，$X_n^k$ 也相互独立，且与 $X^k$ 同分布。由独立同分布的辛钦大数定理可知，当 $n \to \infty$ 时，$A_k$ 依概率收敛于 $\mu_k$，即对任意 $\varepsilon > 0$，有

$$\lim_{n \to \infty} P\{|A_k - \mu_k| < \varepsilon\} = 1。$$

对任何总体 $X$，容易得到以下结论：

定理：设 $X_1$，$X_2$，$\cdots$，$X_n$ 是总体 $X$ 的一个样本，若 $X$ 的二阶矩存在，且

$E(X) = \mu$，$D(X) = \sigma^2$，则样本均值 $X = \dfrac{1}{n}\sum\limits_{i=1}^{n} X_i$ 有 $E(\overline{X}) = \mu$，$D(\overline{X}) = \dfrac{\sigma^2}{n}$。

## （二）顺序统计量

以下介绍另一种常用统计量。

定义：设 $X_1$，$X_2$，$\cdots$，$X_n$ 是来自总体 $X$ 的一个样本，$x_1$，$x_2$，$\cdots$，$x_n$ 是对应的样本值，对 $x_1$，$x_2$，$\cdots$，$x_n$ 的分量由小到大重新顺序排列：

$$x_1^* \leqslant x_2^* \leqslant \cdots \leqslant x_n^*，$$

$x_i^*$ 对应的样本分量：

$$X_i^* = X_i^*(X_1, X_2, \cdots, X_n) \quad (i = 1, 2, \cdots, n)$$

是样本的函数，称 $x_1^* \leqslant x_2^* \leqslant \cdots \leqslant x_n^*$ 为样本 $X_1$，$X_2$，$\cdots$，$X_n$ 的顺序统计量，而 $x_1^* \leqslant x_2^* \leqslant \cdots \leqslant x_n^*$ 称为顺序统计量值，称

$$R = X_n^* - X_1^* = \max_{1 \leqslant i \leqslant n}\{X_i\} - \min_{1 \leqslant i \leqslant n}\{X_i\}$$

为样本的极差，称

$$M_d = \begin{cases} X_{\frac{n+1}{2}}^*, & n\text{是奇数}, \\[2mm] \dfrac{1}{2}\left(X_{\frac{n}{2}}^* + X_{\frac{n}{2}+1}^*\right), & n\text{是偶数} \end{cases}$$

为样本的中位数。

极差 $R$ 刻画了样本的分散特征，中位数 $M_d$ 刻画了样本的位置特征，但均比较粗糙。

# 第二节　经验分布函数与直方图简述

## 一、经验分布函数

定义：设 $X_1$，$X_2$，$\cdots$，$X_n$ 是总体 $X$ 的一个样本，$X_1^*$，$X_2^*$，$\cdots$，$X_n^*$ 是 $X_1$，$X_2$，$\cdots$，$X_n$ 的顺序统计量，对任意实数 $x$，称

$$F_n^*(x) \begin{cases} 0, & x < X_1^* \\ \dfrac{k}{n}, & x_k^* \leqslant x < X_{k+1}^*, \quad (k = 1,\ 2,\ \cdots,\ n-1) \\ 1, & x \geqslant X_n^* \end{cases}$$

是样本 $X_1$，$X_2$，$\cdots$，$X_n$ 的经验分布函数。

由上面的定义不难看出 $0 \leqslant F_n^*(x) \leqslant 1$。

单调非降右连续，即对任意 $x_1 < x_2$ 有 $F_n^*(x_1) \leqslant F_n^*(x_2)$ 且对任意的 $x$□ 有 $F(x + 0) = F(x)$。

$$F_n^*(-\infty) = \lim_{x \to -\infty} F_n^*(x) = 0,$$

$$F_n^*(+\infty) = \lim_{x \to +\infty} F_n^*(x) = 1。$$

这与总体 $X$ 的分布函数 $F(x)$ 具有相同的基本性质。

另外，由于样本 $X_1$，$X_2$，$\cdots$，$X_n$ 是一组随机变量，对每一组样本值对应于不同的 $F_n^*(x)$，显然经验分布函数 $F_n^*(x)$ 是样本的函数，因此 $F_n^*(x)$ 是一个统计量，即 $F_n^*(x)$ 也是随机变量。考察在 $n \to \infty$ 时，$F_n^*(x)$ 的极限情况。对每一个固定的 $x$，$F(x)$ 表示事件 "$X \leqslant x$" 的概率大小，即 $F(x) = P\{X \leqslant x\}$。而作为一个随机变量 $F_n^*(x)$ 的可能取值是 $0$，$\dfrac{1}{n}$，$\dfrac{2}{n}$，$\cdots$，$\dfrac{n-1}{n}$，$1$。由于 $X_1$，$X_2$，$\cdots$，$X_n$ 相互独立且与总体 $X$ 具有相同的分布函数 $F(x)$，则

$F_n^*(x) = \dfrac{k}{n}$ 表示 $n$ 次贝努里试验中事件 "$X \leqslant x$" 发生的频率，而

$$P\{nF_n^*(x) = k\} = C_n^k p^k (1-p)^{n-k} \quad (k = 0,\ 1,\ 2,\ \cdots,\ n),$$

其中 $p - F(x) = P\{X \leqslant x\}$ 是总体 $X$ 的分布函数，由此可知，随机变量

$nF_n^*(x)$ 服从二项分布 $B(n, p)$。对固定的 $x$，由贝努里大数定律，对任意 $\varepsilon > 0$，有

$$\lim_{x \to +\infty} P\{|F_n^*(x) - F(x)| < \varepsilon\} = 1,$$

即 $F_n^*(x)$ 依概率收敛于 $F(x)$。对每一个固定的 $x$，与任意的一个很小正数 $\varepsilon$，当 $n$ 很大时，事件"$|F_n^*(x) - F(x)| < \varepsilon$"几乎每次均会发生。利用这样一个推断原理，在一次抽样中此事件必会发生，即我们可以在一次抽样后做出确定的 $F_n^*(x)$ 来近似总体 $X$ 的分布函数 $F(x)$。但必须指出的是，对固定的 $x$，这是 $n$ 的大小依赖于 $x$，$F_n^*(x)$ 依概率收敛于 $F(x)$，因此这有很大的局限性。然而 1953 年格列文科给出了更进一步的结果，指出在 $n$ 很大时，对任何 $x$，$F_n^*(x)$ 均与 $F(x)$ 非常接近。因此在 $n$ 很大时，对任何 $x$，$F_n^*(x)$ 均是总体分布 $F(x)$ 的一个良好的估计。需要指出，这里要求 $n$ 很大，即我们通常所说的大样本情况（抽取样本容量很大）。

例 5-2：以总体 $X$ 中取一个容量 $n=5$ 的样本，其观测值为 1.2，−2，4，1.2，3，试求经验分布函数 $F_n^*(x)$，且作对应图形。

解：对这 5 个值重新排列可得 −2，1.2，1.2，3，4。

由 $F_n^*(x)$ 的定义可得

$$F_n^*(x) = \begin{cases} 0, & x < -2, \\ \dfrac{1}{5}, & -2 \leqslant x < 1.2, \\ \dfrac{3}{5}, & 1.2 \leqslant x < 3, \\ \dfrac{4}{5}, & 3 \leqslant x < 4.5, \\ 1, & x \geqslant 4.5, \end{cases}$$

对应 $F_n^*(x)$ 图见图 5-1。

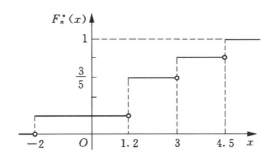

图 5-1　$F_n^*(x)$　图

## 二、直方图简述

总体 $X$ 按数量指标而言，分成离散型总体与连续型总体。离散型总体是指它只能取有限个或可列多个值，如二点分布的总体、二项分布的总体。连续型总体是指它能取某个区间中任意实数值，如长度、面积、温度等。

对连续型总体，其分布通常可用分布密度表示，而相应的样本密度可用直方图表示。实际上，$X_1$，$X_2$，$\cdots$，$X_n$ 是总体 $X$ 的一个样本，我们可用样本的频率直方图来做总体 $X$ 的分布密度的一个粗略描述。由于直方图形象直观，方便易行，因此在生产管理与统计工作中经常使用到。以下介绍做直方图的方法与步骤。

设 $X$ 是连续型总体，而 $x_1$，$x_2$，$\cdots$，$x_n$ 是 $X$ 的一组样本值。

### （一）数据处理

1. 样本中的最大值、最小值

$$x_n^* = \max_{1 \leqslant i \leqslant n} \{x_i\},\ x_1^* = \min_{1 \leqslant i \leqslant n} \{X_i\}\ ;$$

取适当的 $a \leqslant x_1^*$，$b \geqslant x$。

2. 分组

（1）由样本容量 $n$ 的大小确定分组数 $m$，一般地，

$n$ 小于 50，$m$ 取 5 ～ 6；

$n$ 在 50 ～ 100，$m$ 取 6 ～ 10；

$n$ 在 100 ～ 250，$m$ 取 10 ～ 15；

$n$ 大于 250 时，$m$ 取 15 ～ 20。

（2）确定组矩 $d$ 及各组的分点 $t_i$，若等距分组，则组矩由公式

$$d = \frac{b-a}{m}$$

决定，取 $t_i = a + id(i=0,1,2,\cdots,m)$，其中 $a=t_0$，$b=t_m$。由此对分点 $a=t_0<t_1<t_2<\cdots<t_{m-1}<t_m=b$ 做分组区间 $[t_{i-1}, t_i)$（$i=1,2,\cdots,m$）。

### （二）做分组数据统计表

分组数据统计表如表 5-1 所示。

其中，$n_i$ 表示落入第 $i$ 个区间 $[t_{i-1}, t_i)$ 样本值 $x_1$，$x_2$，$\cdots$，$x_n$ 的个数；而对应纵坐标为

$$y_i = \frac{f_i}{d} = \frac{n_i}{nd}(i=1,2,\cdots,m)。$$

而

$$f_i = \frac{n_i}{n}(i=1,2,\cdots,m)。$$

表 5-1　分组数据统计表

| 序号 | 分组区间 | 组中值 $x_i^*$ | 频数 $n_i$ | 频率 $f_i$ | 纵坐标 $y_i$ |
|---|---|---|---|---|---|
| 1 | $[t_0, t_1)$ | $x_1^*$ | $n_1$ | $\frac{n_1}{n}$ | $\frac{f_1}{d}$ |
| 2 | $[t_1, t_2)$ | $x_2^*$ | $n_2$ | $\frac{n_2}{n}$ | $\frac{f_2}{d}$ |
| 3 | $[t_2, t_3)$ | $x_3^*$ | $n_3$ | $\frac{n_3}{n}$ | $\frac{f_3}{d}$ |
| … | … | … | … | … | … |
| $m$ | $[t_{m-1}, t_m)$ | $x_m^*$ | $n_m$ | $\frac{n_m}{n}$ | $\frac{f_m}{d}$ |
| Σ | | | $n$ | 1 | |

### （三）作直方图

在 $xOy$ 面上，每个区间 $[t_{i-1}, t_i)$ 上，作以 $y_i$ 为高的小矩形，由此可得如图 5-2 所示的频率直方图。

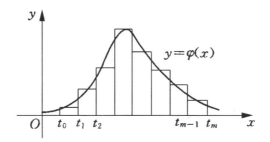

图 5-2　频率直方图

当 $n$ 很大时，由大数定律可得

$$f_i \approx P\{t_{i-1} \leqslant X < t_i\} = \int_{t_{i-1}}^{t_i} f(x)\,\mathrm{d}x$$

其中，$f(x)$ 是 $X$ 的密度函数，由此可得

$$y_i = \frac{1}{d}\int_{t_{i-1}}^{t_i} f(x)\,\mathrm{d}x = f(\xi_i)\,(t_{i-1} \leqslant \xi_i \leqslant t_i,\ i = 1,\ 2,\ \cdots,\ m)\ 。$$

因此，直方图中 $[t_{i-1},\ t_i)$ 上的面积近似于同底上密度函数 $f(x)$ 在 $[t_{i-1},\ t_i)$ 上的平均高度。所以我们可以过每个小长方形的顶作一条光滑曲线 $y = \varphi(x)$，这条曲线可作为总体 $X$ 密度函数 $f(x)$ 的一条近似曲线，见图 5-2。实际上也是直方图的实用价值。

注意到以下两点：

（1）当数据 $x_i$（$i = 1,\ 2,\ \cdots,\ n$）比较大且复杂时，我们可适当地选择 $k$ 与 $c$，做 $x_i' = k(x_i - c)$ 的数据线性处理，从而使数据 $x_1',\ x_2',\ \cdots,\ x_n'$ 比较整齐，以便于计算。

（2）当 $X$ 是离散型随机变量时，$x_1,\ x_2,\ \cdots,\ x_n$ 是 $X$ 的一样本值，对应的取值是：$a_1,\ a_2,\ \cdots,\ a_n$（$i = 0,\ 1,\ 2,\ \cdots,\ n;\ m < n$），$n_i$ 是样本值 $x_1$，$x_2,\ \cdots,\ x_n$ 中取得 $a_i$ 的频数，则 $a_i$ 的频率是

$$f_i = \frac{n_i}{n}\,(i = 0,\ 1,\ 2,\ \cdots,\ m)\ 。$$

此时，我们得到一个频率分布图，而分布图上对应的频率 $f_i$ 列成的表称为频率分布表，在 $n$ 很大时，频率分布表是总体 $X$ 的分布律的近似分布。

例 5-3：对 $n = 84$ 个伊特拉斯坎人男子的头颅的最大宽度（单位：mm）的记录数据如下所示。

141、148、132、138、154、142、150、146、155、158、150、140、

147、148、144、150、149、145、149、158、143、141、144、144、126、
140、144、142、141、140、145、135、147、146、141、136、140、146、
142、137、148、154、137、139、143、140、131、143、141、149、148、
135、148、152、143、144、141、143、147、146、150、132、142、143、
142、143、143、146、149、138、142、149、142、137、134、144、146、
147、140、142、140、137、152、137。

试由此样本值作出频率直方图，并粗略推出伊特拉斯坎人男子头颅的最大宽度 $X$ 的大致分布。

解：设 $X$ 是伊特拉斯坎人男子的头颅最大宽度，显然 $X$ 是连续型总体。按以下步骤作直方图。

首先，最小样本值 $x_1^* =126$，最大样本值 $x_n^* =158$，取 $a=125$，$b=160$，由于 $n=84$，确定分数组 $m=7$，则组距

$$d = \frac{R}{m} = \frac{160-125}{7} = \frac{35}{7} = 5 ,$$

分点为 $a=125$，130，135，140，145，150，155，$b=160$，

对应分组区间 $[t_{i-1}, t_i)$（$i=1, 2, \cdots, 7$）。

其次，作出分组数据统计表，如表 5-2 所示。

表 5-2  分组数据统计表

| 序号 | 分组区间 | 组中值 $x_i^*$ | $n_i$ | $f_i = \frac{n_i}{n}$ | $y_i = \frac{f_i}{d}$ |
|---|---|---|---|---|---|
| 1 | [125, 130) | 127.5 | 1 | 0.012 | 0.002 |
| 2 | [130, 135) | 132.5 | 4 | 0.047 | 0.009 |
| 3 | [135, 140) | 137.5 | 11 | 0.131 | 0.026 |
| 4 | [140, 145) | 142.5 | 34 | 0.405 | 0.081 |
| 5 | [145, 150) | 147.5 | 23 | 0.274 | 0.055 |
| 6 | [150, 155) | 152.5 | 8 | 0.095 | 0.019 |
| 7 | [155, 160) | 157.5 | 3 | 0.036 | 0.007 |
| Σ |  |  | 84 |  |  |

最后，作频率直方图如图 5-3 所示。

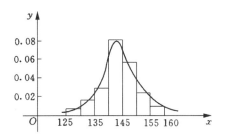

图 5-3　频率直方图

由图形可见，所讨论总体 $X$ 即伊特拉斯坎人男子头颅的最大宽度应该服从正态分布，因直方图的近似曲线与正态分布的密度函数非常近似。

# 第三节　抽样分布探索

统计量为样本的函数，是一个随机变量，称统计量的分布为抽样分布。

在数理统计中，正态总体的研究处于一个特别显著的地位，一方面由于此时统计量的精确分布比较容易得到，另一方面在许多领域的统计研究中所遇到的总体大多就是或者近似服从正态分布的总体，这由中心极限定理可得到验证。

笔者将介绍与正态分布有关的重要分布：$\chi^2$ 分布、$t$ 分布及 $F$ 分布，讨论正态总体的几个常用统计量的精确分布。

## 一、$\chi^2$ 分布

定义：设 $X_1$，$X_2$，$\cdots$，$X_n$ 相互独立，且均服从标准正态分布 $N(0, 1)$，则称

$$\chi^2 = \sum_{i=1}^{n} X_i^2$$

服从自由度为 $n$ 的 $\chi^2$ 分布，记为

$$\chi^2 = \sum_{i=1}^{n} X_i^2 \sim \chi^2(n)　。$$

其中，自由度指的是该公式右端包含的独立随机变量的个数。

定理：自由度为 $n$ 的 $\chi^2$ 分布的密度函数是

$$f(x) = \begin{cases} \dfrac{1}{2^{\frac{n}{2}}\Gamma\left(\dfrac{n}{2}\right)} x^{\frac{n}{2}-1} \mathrm{e}^{-\frac{x}{2}}, & x > 0, \\ 0, & x \leqslant 0, \end{cases}$$

其中 $\Gamma(a)$ 是 $\Gamma-$ 函数。

证：利用求随机变量函数分布的方法及数学归纳法不难得到，此处略。

由图 5-4 给出 $n=1$，4，10，20 的 $\chi^2$ 分布的密度函数曲线。由图可见，随着 $n$ 的增大，密度函数 $f(x)$ 对应的曲线趋于"平缓"，且曲线与自变量 $x$ 轴之间的图形的重心也逐步向右下方移动。

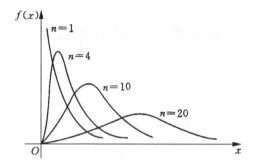

图 5-4　密度函数曲线图

例 5-4：若 $X_i \sim N(\mu,\ \sigma^2)$（$i=1,\ 2,\ \cdots,\ n$），且相互独立，则

$$\chi^2 = \frac{1}{\sigma^2}\sum_{i=1}^{n}(X_i - \mu)^2 \sim \chi^2(n) \ 。$$

定理：设 $\chi^2 \sim \chi^2(n)$，则 $E(\chi^2) = n$，$D(\chi^2) = 2n$。

证：由于 $X_i \sim N(0,\ 1)$，$E(X_i^2) = D(X_i) = 1$，再由 $X_i$（$i=1,\ 2,\ \cdots,\ n$）的独立性得

$$E(\chi^2) = E\left(\sum_{i=1}^{n} X_i^2\right) = \sum_{i=1}^{n} E(X_i^2) = \sum_{i=1}^{n} D(X_i) = n \ 。$$

又因为

$$E(X_i^4) = \int_{-\infty}^{+\infty} \frac{1}{\sqrt{2\pi}} x^4 \mathrm{e}^{\frac{x^2}{2}} \mathrm{d}x = 3 \ ,$$

$$D(X_i^2) = E(X_i^4) - E[(X_i^2)]^2 = 3 - 1 = 2，$$

再由 $X_1$，$X_2$，$\cdots$，$X_n$ 的独立性，可知 $X_1^2$，$X_2^2$，$\cdots$，$X_n^2$ 相互独立，则

$$D(\chi^2) = D\left(\sum_{i=1}^{n} X_i^2\right) = \sum_{i=1}^{n} D(X_i^2) = \sum_{i=1}^{n} 2 = 2n。$$

定理：（可加性）设 $\chi_1^2 \sim \chi^2(m)$，$\chi_1^2 \sim \chi^2(n)$，且 $X_1^2$ 与 $X_2^2$ 相互独立，则 $\chi_1^2 + \chi_2^2 \sim \chi^2(m+n)$。

证：利用 $\chi^2$ 分布定义及卷积分式（或特征函数的性质）不难得到，此处略。

$\chi^2$ 分布上侧分位点（临界值）：对给定的 $\alpha(0 < \alpha < 1)$，称满足

$$P\{\chi^2 \geqslant \chi_\alpha^2(n)\} = \int_{-\infty}^{+\infty} f(x)\,\mathrm{d}x = \alpha$$ 的 $\chi_\alpha^2(n)$ 为 $\chi^2$ 分布的 $\alpha$ 上侧分位点，如图 5-5 所示。

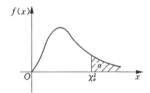

**图 5-5  $\chi^2$ 分布上侧分位点示意图**

对给定的 $\alpha$ 及自由度 $n$，可由 $\chi^2$ 分布表查得上侧分位点 $\chi_\alpha^2 = \chi_\alpha^2(n)$。

例如，当 $\alpha = 0.05$，$\alpha = 0.25$，$n=10$ 时，由附表中的 $\chi^2$ 分布表可查得 $\chi_{0.05}^2(10) = 18.307$，$\chi_{0.025}^2(10) = 20.483$。

## 二、$t$ 分布

定义：设 $X \sim N(0，1)$，$Y \sim \chi^2(n)$，且 $X$ 与 $Y$ 相互独立，则称随机变量

$$T = \frac{X}{\sqrt{\dfrac{Y}{n}}}$$

服从自由度为 $n$ 的 $t$ 分布，记为

$$T = \frac{X}{\sqrt{\dfrac{Y}{n}}} \sim t(n) \quad 。$$

$t$ 分布也称为学生 $t$ 分布。

定理：自由度为 $n$ 的 $t$ 分布的密度函数是

$$f(t,\ n) = \frac{\Gamma\left(\dfrac{n+1}{2}\right)}{\sqrt{n\pi}\,\Gamma\left(\dfrac{n}{2}\right)}\left(1 + \frac{t^2}{n}\right)^{\frac{n+1}{2}}, \quad -\infty < t < +\infty \quad 。$$

证：利用 $t$ 分布定义及随机变量函数的商的分布方法不难得到，此处略。

由图 5-6 给出 $t$ 分布密度函数在不同自由度下的不同曲线，由公式可知 $f(t)$ 是偶函数，则 $t$ 分布的密度函数对称于 $y$ 轴。

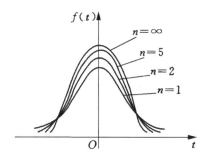

图 5-6　分布密度函数示意图

考虑 $n \to \infty$ 时，密度函数的极限

$$\lim_{n\to\infty} f(t) = \lim_{n\to\infty} \frac{\Gamma\left(\dfrac{n+1}{2}\right)}{\sqrt{n\pi}\,\Gamma\left(\dfrac{n}{2}\right)}\left(1 + \frac{t^2}{n}\right)^{\frac{n+1}{2}}$$

$$= \frac{1}{\sqrt{\pi}}\, \mathrm{e}^{-\frac{t^2}{2}} \lim_{n\to\infty} \frac{\Gamma\left(\dfrac{n+1}{2}\right)}{\sqrt{n\pi}\,\Gamma\left(\dfrac{n}{2}\right)}$$

$$= \frac{1}{\sqrt{2\pi}}\, \mathrm{e}^{-\frac{t^2}{2}} \quad 。$$

其中最后式中等号由 $\Gamma$ − 函数的性质得到。由此表明，在 $n$ 趋于无穷大时，$t$ 分布的密度趋于标准正态分布的密度函数，即正态分布是 $t$ 分布的极限分布。

在 $n$ 很大时, $t$ 分布可用标准正态分布近似, 但 $n$ 不大时, 这两者间有较大的差别。

例 5-5: 设 $X \sim N(\mu, \sigma^2)$, $\dfrac{Y}{\sigma^2} \sim \chi^2(n)$, 且 $X$ 与 $Y$ 相互独立, 则

$$T = \frac{X - \mu}{\sqrt{\dfrac{Y}{n}}} \sim t(n) \quad 。$$

证: 由 $t$ 分布定义容易得到。

定理: 设 $T \sim t(n)$, 则

$E(T) = 0 \quad (n > 1)$,

$$D(T) = E(T^2) = \frac{n}{n-2}(n > 2) \quad 。$$

证: 略。

$t$ 分布上侧分位点: 对给定 $\alpha(0 < \alpha < 1)$, 称满足

$$P\{T \geqslant t_\alpha(n)\} = \alpha$$

的 $t_\alpha = t_\alpha(n)$ 为 $t$ 分布的上侧 $\alpha$ 分位点（临界值）。

对给定的 $\alpha$ 及自由度 $n$, 由 $t$ 分布表可查得分位点 $t_\alpha(n)$, 如图 5-7 所示。

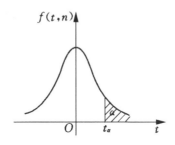

**图 5-7　$t$ 分布示意图**

例如, $\alpha = 0.05$, $\alpha = 0.025$, 对自由度 $n=9$ 时, 查 $t$ 分布表可得

$t_{0.05}(9) = 1.8331$, $t_{0.025}(9) = 2.2622$。

## 三、$F$ 分布

定义: 设 $X \sim \chi^2(m)$, $Y \sim \chi^2(n)$ 且相互独立, 则称随机变量

$$F \frac{X/m}{Y/n}$$

服从第一自由度为 $m$，第二自由度为 $n$ 的 $F$ 分布，记为

$$F\frac{X/m}{Y/n} \sim F(m,\ n)\ 。$$

定理：自由度为 $m$ 及 $n$ 的 $F$ 分布密度函数是

$$f(z;\ m,\ n)=\begin{cases}\dfrac{\Gamma\left(\dfrac{m+n}{2}\right)}{\Gamma\left(\dfrac{m}{2}\right)\Gamma\left(\dfrac{n}{2}\right)}\left(\dfrac{m}{n}\right)^{\frac{m}{2}}z^{\frac{m}{2}-1}\left(1+\dfrac{m}{n}z\right)^{-\frac{m+n}{2}},\ z>0,\\ 0,\ z\leqslant 0。\end{cases}$$

证：利用 $F$ 分布定义及随机变量函数商的分布不难得到，此处略。

由图 5-8 给出 $F$ 分布密度函数 $f(z;\ m,\ n)$ 分别在不同自由度的曲线。

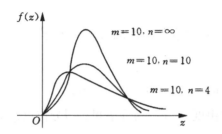

$m=10,\ n=\infty$

$m=10,\ n=10$

$m=10,\ n=4$

**图 5-8　分布函数 $f(z;\ m,\ n)$ 曲线图**

由图可见，随自由度 $m$ 与 $n$ 的不同取值，曲线也随之而变化。

例 5-6：若 $T \sim t(n)$，则

$$T^2 \sim F(1,\ n)\ 。$$

由定义不难看到，若 $F \sim F(m,\ n)$，则

$$\frac{1}{F} \sim F(m,\ n)\ 。$$

定理：若 $F \sim F(m,\ n)$，则

$$E(F)=\frac{n}{n-2}(n>2)\ ，$$

$$D(F)=\frac{n^2(2m+2n-4)}{m(n-2)^2(n-4)}(n>4)\ 。$$

对给定 $\alpha(0<\alpha<1)$，称满足

$$P\{F \geqslant F_\alpha(m,\ n)\} - \alpha$$

的 $F_\alpha(m,\ n)$ 为 $F$ 分布的 $\alpha$ 上侧分位点（临界值）。

对给定的 $\alpha$，由 $F$ 分布表可查得 $F_\alpha(m,\ n)$。对下侧分位点 $F_{1-\alpha}(m,\ n)$ 必须由以下结论查 $F$ 分布表得到。

性质：对给定的 $\alpha$ 与自由度 $m$ 及 $n$，分位点

$$F_{1-\alpha}(m,\ n) = \frac{1}{F_\alpha(n,\ m)} \quad 。$$

例如，对 $\alpha = 0.05$，$m=10$ 及 $n=8$，查 $F$ 分布表得

$F_{0.05}$（10，8）=3.35，

$$F_{0.95}（10，8） = \frac{1}{F_{0.05}(8,10)} = \frac{1}{3.07} = 0.3257。$$

# 第六章　参数估计

## 第一节　点估计与区间估计

### 一、点估计

在参数估计问题中，我们先假设母体 $X$ 具有一族可能的分布 $F$，且 $F$ 的函数形式是已知的，仅含有几个未知参数，记 $\theta$ 是支配这一分布的未知参数（可以是向量）。通常称参数 $\theta$ 的全部可容许值组成的集合为参数空间，记为 $\Theta$。若总体 $X$ 服从正态分布 $N(\mu, \sigma^2)$，其中 $\mu$，$\sigma^2$ 均未知，则 $\theta = (\mu, \sigma^2)$ 为参数，参数空间为

$$\Theta = \{(\mu, \sigma^2), -\infty < \mu < +\infty, \sigma^2 > 0\}。$$

一般地，设总体 $X$ 具有分布族 $\{F(x, \theta), \theta \in \Theta\}$，$X_1, X_2, \cdots, X_n$ 是 $X$ 的一个子样。点估计问题就是要求构造一个统计量 $\hat{\theta} = \hat{\theta}(X_1, X_2, \cdots, X_n)$ 作为参数 $\theta$ 的估计（$\hat{\theta}$ 的维数与 $\theta$ 的维数相同）。在统计学中，我们称 $\hat{\theta}$ 为 $\theta$ 的估计量。如果 $x_1, x_2, \cdots, x_n$ 是子样的一组观测值，代入统计量 $\hat{\theta} = \hat{\theta}(X_1, X_2, \cdots, X_n)$ 中就得到具体值 $\hat{\theta}(x_1, x_2, \cdots, x_n)$，这个数值通常称为 $\theta$ 的估计值。估计量和估计值这两个名词将不强调它们的区别通称为估计。

### （一）矩估计法

矩是描写随机变量的最简单的数字特征。设样本 $X_1, X_2, \cdots, X_n$ 取自总体 $X$，样本矩在一定程度上反映了总体矩的特征。因而自然想到用子样矩作为母体矩的估计。

设总体的分布函数为 $F(x, \theta)$ ，其中 $\theta = (\theta_1, \theta_2, \cdots, \theta_k)$ 为未知参数向量，假设总体的 $k$ 阶矩 $a_k = E(X^k)$ 存在，则 $a_k = a_k(\theta_1, \theta_2, \cdots, \theta_n)$ 为 $\theta$ 的函数。例如，当总体为离散型随机变量，分布律为

$$P(X = x_i) = P(x_i, \theta_1, \theta_2, \cdots, \theta_k) ，i=1, 2, 3, \cdots$$

时，有

$$\alpha_i(\theta_1, \theta_2, \cdots, \theta_k) = E(X^l) = \sum_{i=1}^{\infty} x_i^l P(x_i, \theta_1, \theta_2, \cdots, \theta_k) ，$$

$l = 1, 2, \cdots, k$。

当总体为连续型随机变量，概率密度函数为 $f(x, \theta_1, \theta_2, \cdots, \theta_k)$ 时，

$$\alpha_i(\theta_1, \theta_2, \cdots, \theta_k) = E(X^l) = \int_{-\infty}^{+\infty} x^l f(x, \theta_1, \theta_2, \cdots, \theta_k) \mathrm{d}x,$$

其中，$l = 1, 2, \cdots, k$。

用样本矩作为总体相应矩的估计，即令

$$\alpha_i(\theta_1, \theta_2, \cdots, \theta_k) = A_l = \frac{1}{n} \sum_{i=1}^{n} x_i^l, \ l = 1, 2, \cdots, k。$$

这就确定了包含 $k$ 个未知参数 $\theta = (\theta_1, \theta_2, \cdots, \theta_k)$ 的 $k$ 个方程组，解此方程组就可得到 $\theta = (\theta_1, \theta_2, \cdots, \theta_k)$ 的一组解 $\hat{\theta} = (\hat{\theta}_1, \hat{\theta}_2, \cdots, \hat{\theta}_k)$ 。因为

$$A_l = \frac{1}{n} \sum_{i=1}^{n} X_i^l$$

是随机变量，故解得的 $\hat{\theta}$ 也是随机变量。将 $\hat{\theta}_1, \hat{\theta}_2, \cdots, \hat{\theta}_k$ 分别作为 $\theta_1, \theta_2, \cdots, \theta_k$ 的估计，称为矩估计。这种求估计量的方法称为矩方法。

例 6-1：总体 $X$ 均值和方差的矩估计。

设 $X_1, X_2, \cdots, X_n$ 是总体 $X$ 的样本，$X$ 的二阶矩存在，则有

$\alpha_2 = \sigma^2 + \mu^2$。

用矩方法得方程组：

$$\begin{cases} \hat{\mu} = \frac{1}{n} \sum_{i=1}^{n} X_i = \overline{X}, \\ \hat{\mu}^2 + \hat{\sigma}^2 = \hat{\alpha}^2 = \frac{1}{n} \sum_{i=1}^{n} X_i^2, \end{cases}$$

解方程组得 $\mu$ 和 $\sigma^2$ 的矩估计分别为

$$\hat{\mu} = \overline{X} ,$$

$$\hat{\sigma}^2 = \frac{1}{n}\sum_{i=1}^{n} X_i^2 - \overline{X}^2 = \frac{1}{n}\sum_{i=1}^{n}(X_i - \overline{X})^2 = B_2 ,$$

所得结果表明，对于任何分布，只要总体均值与方差存在，则其均值与方差的矩估计表达式相同，这个例子的结论可作为定理使用。

例 6-2：设总体 $X \sim \Gamma(\alpha, \beta)$，其中 $\alpha$，$\beta$ 为未知参数，$X_1$，$X_2$，$\cdots$，$X_n$ 为来自总体 X 的样本，求 $\alpha$，$\beta$ 的矩估计。

解：因为 $X \sim \Gamma(\alpha, \beta)$，所以

$$E(X) = \frac{\alpha}{\beta} , \quad D(X) = \frac{\alpha}{\beta^2} ,$$

可得

$$\begin{cases} \overline{X} = \dfrac{\hat{\alpha}}{\beta}, \\ B_2 = \dfrac{\hat{\alpha}}{\beta^2}, \end{cases}$$

解得 $\alpha$，$\beta$ 的矩估计分别为

$$\hat{\alpha} = X^2 / B_2 , \quad \hat{\beta} = X / B_2 。$$

例 6-3：设总体 $X$ 服从 $[a, b]$ 上的均匀分布，$a$，$b$ 未知，$X_1$，$X_2$，$\cdots$，$X_n$ 是 $X$ 的一个样本。试求参数 $a$，$b$ 的矩估计。

解：因为

$$E(X) = \frac{a+b}{2} , \quad E(X^2) = \frac{b-a}{12} + \frac{a+b}{4} ,$$

用矩方法得方程组

$$\begin{cases} \dfrac{\hat{a}+\hat{b}}{2} = \overline{X} = \dfrac{1}{n}\sum_{i=1}^{n} X_i = A_1, \\ \dfrac{(\hat{b}-\hat{a})^2}{12} + \dfrac{\hat{a}+\hat{b}}{4} = \dfrac{1}{n}\sum_{i=1}^{n} X_i^2 = A_2, \end{cases}$$

即

$$\begin{cases} \hat{a}+\hat{b} = 2A_1, \\ \hat{b}-\hat{a} = \sqrt{12(A_2 - A_1^2)}, \end{cases}$$

解上述方程组，得 $a$，$b$ 的矩估计分别为

$$\hat{a} = A_1 - \sqrt{3(A_2 - A_1^2)} = \overline{X} - \sqrt{\frac{3}{n}\sum_{i=1}^{n}(X_i - \overline{X})^2} \ ,$$

$$\hat{b} = A_1 + \sqrt{3(A_2 - A_1^2)} = \overline{X} + \sqrt{\frac{3}{n}\sum_{i=1}^{n}(X_i - \overline{X})^2} \ 。$$

例 6-4：设总体 $X$ 的概率密度函数为

$$f(x) = \begin{cases} \lambda e^{-\lambda(x-\theta)}, & x > \theta, \\ 0, & x \leq \theta, \end{cases}$$

其中 $\lambda(\lambda > 0)$，$\theta$ 都是未知参数，$X_1$，$X_2$，$\cdots$，$X_n$ 是来自 $X$ 的样本，求 $\theta$，$\lambda$ 的矩估计。

解：因为

$$\alpha_1 = E(X) = \int_{\theta}^{+\infty} x \ \lambda e^{-\lambda(x-\theta)} dx = \theta + \frac{1}{\lambda} \ ,$$

$$\alpha_2 = E(X^2) = \int_{\theta}^{+\infty} x^2 \ \lambda e^{-\lambda(x-\theta)} dx = \left(\theta + \frac{1}{\lambda}\right)^2 + \frac{1}{\lambda^2} \ ,$$

用矩方法得方程组

$$\begin{cases} \hat{\theta} + \dfrac{1}{\lambda} = \dfrac{1}{n}\sum_{i=1}^{n} X_i, \\ \left(\hat{\theta} + \dfrac{1}{\lambda}\right)^2 + \dfrac{1}{\lambda^2} = \dfrac{1}{n}\sum_{i=1}^{n} X_i^2, \end{cases}$$

解上述方程组，得 $\theta$，$\lambda$ 的矩估计分别为

$$\hat{\lambda} = \frac{1}{\sqrt{\dfrac{1}{n}\sum_{i=1}^{n} X_i^2 - \overline{X^2}}} \ ,$$

$$\hat{\theta} = \overline{X} - \frac{1}{\sqrt{\dfrac{1}{n}\sum_{i=1}^{n} X_i^2 - \overline{X^2}}} \ 。$$

## （二）极大似然估计法

由上面的介绍可以看出，矩估计法不直接依赖总体分布的类型，而实际问题中总体的分布类型常常是已知的，这正是估计总体参数的最好信息。极大似然估计法是利用 $X$ 的分布 $F(x, \theta_1, \theta_2, \cdots, \theta_k)$ 的已

知表达式及样本 $X_1$，$X_2$，$\cdots$，$X_n$ 的信息，来建立未知参数 $\theta_i$ 的估计量 $\hat{\theta}(X_1$，$X_2$，$\cdots$，$X_n)$ 的一种基于极大似然原理的统计方法。

1. 离散型总体情形

设 $X_1$，$X_2$，$\cdots$，$X_n$ 是取自总体 $X$ 的一个样本，$x_1$，$x_2$，$\cdots$，$x_n$ 是一组样本观察值。若 X 为离散型随机变量，分布律为 $P(X=x)=f(x$，$\theta)$ ，$\theta$ 为待估参数，则 $X_1$，$X_2$，$\cdots$，$X_n$ 的联合分布律为

$$P(X_1=x_1，X_2=x_2，\cdots，X_n=x_n)=\prod_{i=1}^{n}f(x_i，\theta)$$

$\stackrel{\triangle}{=} L(\theta$，$x_1$，$x_2$，$\cdots$，$x_n)\stackrel{\triangle}{=}L(\theta)$ ，$\theta\in\Theta$。

这一概率值随 $\theta$ 的取值而变化，它是 $\theta$ 的函数。$L(\theta)$ 称为样本的似然函数。极大似然估计法，就是在样本观察值 $x_1$，$x_2$，$\cdots$，$x_n$ 为固定的前提下，在 $\theta$ 的取值范围 $\Theta$ 内寻找使概率 $L(\theta$，$x_1$，$x_2$，$\cdots$，$x_n)$ 达到最大的参数值 $\hat{\theta}$，作为参数 $\theta$ 的估计值，即取 $\hat{\theta}$ 使

$$L(\hat{\theta}，x_1，x_2，\cdots，x_n)=\max_{\theta\in\Theta}L(\theta，x_1，x_2，\cdots，x_n) ，$$

这 样 得 到 的 $\hat{\theta}$ 与 样 本 值 $x_1$，$x_2$，$\cdots$，$x_n$ 有 关， 记 为 $\hat{\theta}=(x_1$，$x_2$，$\cdots$，$x_n)$ ，并称它为参数 $\theta$ 的极大似然估计值，而相应的统计量 $\hat{\theta}(X_1$，$X_2$，$\cdots$，$X_n)$ 称为参数 $\theta$ 的极大似然估计量。

由于 $\ln x$ 是 $x$ 的单调增加函数，所以 $\ln L(\theta)$ 与 $L(\theta)$ 同时取到最大值，而求 $\ln L(\theta)$ 的最大值比较方便，因而往往是选取参数 $\theta$ 使 $\ln L(\theta)$ 达到最大即可。

如果 $L(\theta)$ 关于 $\theta$ 可微，则参数 $\theta$ 的极大似然估计值 $\hat{\theta}$ 必满足下列似然方程

$$\left.\frac{\partial\ln L(\theta，x_1，x_2，\cdots，x_m)}{\partial\theta_i}\right|_{\theta=\hat{\theta}}=0，\ i=1，2，\cdots，k。$$

通常称 $\ln L(\theta)$ 为对数似然函数。

例 6-5：设总体 $X$ 服从 0-1 分布，分布律为 $P(X=1)=p=1-P(X=0)$ ，其中 $p$ 为未知参数，求 $p$ 的极大似然估计。

解：设 $X_1$，$X_2$，$\cdots$，$X_n$ 是取自总体 $X$ 的一个样本，$x_1$，$x_2$，$\cdots$，$x_n$ 是

一组样本观察值，$x_i = 0$ 或 1，$i=1$，2，$\cdots$，$n$，则

$$P(X = x_i) = p^{x_i}(1-p)^{1-x}, \quad i=1, 2, \cdots, n \text{。}$$

似然函数

$$L(p_i) = \prod_{i=1}^{n} p^{x_i}(1-p)^{1-x} = p^{\sum_{i=1}^{n} x_i}(1-p)^{n-\sum_{i=1}^{n} x_i},$$

$$\ln L(p_i) = \ln p \sum_{i=1}^{n} x_i + \left(n-\sum_{i=1}^{n} x_i\right)\ln(1-p),$$

令

$$\frac{\mathrm{d}\ln L(p)}{\mathrm{d}p} = \frac{\sum_{i=1}^{n} x_i}{p} + \frac{n-\sum_{i=1}^{n} x_i}{1-p} = 0,$$

解得 $p$ 的极大似然估计值 $\hat{p} = \dfrac{1}{n}\sum_{i=1}^{n} x_i$，$p$ 的极大似然估计量为

$$\hat{p} = \frac{1}{n}\sum_{i=1}^{n} x_i = \overline{X} \text{。}$$

### 2. 连续型总体情形

设总体 $X$ 的概率密度函数 $f(x, \theta)$（$\theta \in \Theta$）的形式已知，$X_1$，$X_2$，$\cdots$，$X_n$ 是来自 $X$ 的样本，则 $X_1$，$X_2$，$\cdots$，$X_n$ 的联合密度为 $\prod_{i=1}^{n} f(x_i, \theta)$。

设 $x_1$，$x_2$，$\cdots$，$x_n$ 是一组样本观察值，则样本（$X_1$，$X_2$，$\cdots$，$X_n$）落在点 $x_1$，$x_2$，$\cdots$，$x_n$ 的矩形邻域的概率近似地为

$$\prod_{i=1}^{n} f(x_1, \theta)\mathrm{d}x_i,$$

其中，$dx_1$，$\mathrm{d}x_2$，$\cdots$，$\mathrm{d}x_n$ 分别为邻域的边长，其值随 $\theta$ 的取值而变化。与离散型情形类似，我们应选取 $\theta$ 使上述概率达到最大。由于因子 $\prod_{i=1}^{n}\mathrm{d}x_i$ 与 $\theta$ 无关，故只需考虑似然函数

$$L(\theta) = L(\theta, x_1, x_2, \cdots, x_n) = \prod_{i=1}^{n} f(x_i, \theta)$$

的最大值。若当 $\theta = \hat{\theta}(x_1, x_2, \cdots, x_n)$ 时，

$$L(\hat{\theta}, x_1, x_2, \cdots, x_n) = \max_{\theta \in \Theta} \prod_{i=1}^{n} f(x_i, \theta)$$

则称 $\hat{\theta} = (x_1, x_2, \cdots, x_n)$ 为 $\theta$ 的 极 大 似 然 估 计 值，称 $\hat{\theta} = (X_1, X_2, \cdots, X_n)$ 为 $\theta$ 的极大似然估计量。

例 6-6：设总体 $X$ 服从 $[0, \theta]$ 上的均匀分布，求参数 $\theta$ 的极大似然估计。

解：总体 $X$ 的概率密度函数为

$$f(x, \theta) = \begin{cases} \dfrac{1}{\theta}, & 0 \leqslant x \leqslant \theta, \\ 0, & 其他, \end{cases} \qquad \theta > 0,$$

设 $x_1, x_2, \cdots, x_n$ 是样本 $X_1, X_2, \cdots, X_n$ 的一组观察值，则似然函数为

$$L(\theta) = \prod_{i=1}^{n} f(x_i, \theta) = \begin{cases} \dfrac{1}{\theta^n}, & 0 \leqslant x_1, x_2, \cdots, x_n \leqslant \theta, \\ 0, & 其他, \end{cases}$$

由于 $L(\theta)$ 关于 $\theta$ 单调下降，所以当 $\theta = \max(x_1, x_2, \cdots, x_n)$ 时，$L(\theta)$ 达到最大，因此 $\theta$ 的极大似然估计量为 $\hat{\theta} = \max(X_1, X_2, \cdots, X_n) = X(n)$ 。

注意，本例中的似然函数 $L(\theta)$ 的最大值点不能由对 $L(\theta)$ 求导得到。

例 6-7：设 $x_1, x_2, \cdots, x_n$ 是来自正态总体 $X \sim N(\mu, \sigma^2)$ 的一组样本值，试求参数 $\mu, \sigma^2$ 的极大似然估计。

解：因为 $X$ 的概率密度函数为

$$f(x, \mu, \sigma^2) = \frac{1}{\sqrt{2\pi}\sigma} \exp\left[-\frac{1}{2\sigma^2}(x - \mu)^2\right],$$

所以似然函数

$$L(\mu, \sigma^2) = \prod_{i=1}^{n} \frac{1}{\sqrt{2\pi}\sigma} \exp\left[-\frac{1}{2\sigma^2}(x_i - \mu)^2\right],$$

$$= \frac{1}{(2\pi)^{n/2}\sigma^n} \exp\left[-\frac{1}{2\sigma^2}\sum_{i=1}^{n}(x_i - \mu)^2\right],$$

$$\ln L(\mu, \ \sigma^2) = -\frac{n}{2}\ln 2\pi - \frac{n}{2}\sigma^2 - \frac{1}{2\sigma^2}\sum_{i=1}^{n}(x_i - \mu)^2 \ ,$$

似然方程为

$$\begin{cases} \dfrac{\partial \ln L(\mu, \ \sigma^2)}{\partial \mu} = \dfrac{1}{\sigma^2}\sum_{i=1}^{n}(x_i - \mu) = 0, \\[3mm] \dfrac{\partial \ln L(\mu, \ \sigma^2)}{\partial \mu} = -\dfrac{n}{2\sigma^2} + \dfrac{1}{2\sigma^4}\sum_{i=1}^{n}(x_i - \mu)^2 = 0, \end{cases}$$

解得 $\mu$, $\sigma^2$ 的极大似然估计分别为

$$\hat{\mu} = \frac{1}{n}\sum_{i=1}^{n}x_i = \bar{x}, \quad \hat{\sigma}^2 = \frac{1}{n}\sum_{i=1}^{n}(x_i - \bar{x})^2,$$

它们与相应的矩估计值相同。

## 二、区间估计

当给出一组样本观察值时，即可得到参数 $\theta$ 的一个估计值。实际中，人们还希望估计出未知参数 $\theta$ 的取值范围以及这个范围包含未知参数 $\theta$ 真值的可信度（即概率），这种估计方法就是区间估计。

定义：设总体 $X$ 的分布函数为 $F(x, \theta)$，$\theta$ 为未知参数，（$X_1, \ X_2, \ \cdots, \ X_n$）为 $X$ 的样本，给定 $\alpha(0 < \alpha < 1)$，若统计量 $\hat{\theta}_1 = \hat{\theta}_1(X_1, \ X_2, \ \cdots, \ X_n)$，$\hat{\theta}_2 = \hat{\theta}_2(X_1, \ X_2, \ \cdots, \ X_n)$ 满足

$$P(\hat{\theta}_1 < \theta < \hat{\theta}_1) = 1 - \alpha,$$

则称（$\hat{\theta}_1, \ \hat{\theta}_2$）为参数 $\theta$ 的置信度为 $1 - \alpha$ 的置信区间，$\hat{\theta}_1$ 与 $\hat{\theta}_2$ 分别称为置信下限和置信上限，$1 - \alpha$ 为置信度（或称置信水平）。

注意 $P(\hat{\theta}_1(X_1, \ X_2, \ \cdots, \ X_n) < \theta < \hat{\theta}_2(X_1, \ X_2, \ \cdots, \ X_n)) = 1 - \alpha$ 表示随机区间（$\hat{\theta}_1, \ \hat{\theta}_2$）包含 $\theta$ 真值的概率为 $1 - \alpha$。若反复抽样多次（各次抽取样本容量都是 $n$），每个样本观测值都确定一个置信区间（$\hat{\theta}_1(x_1, \ x_2, \ \cdots, \ x_n)$，$\hat{\theta}_2(x_1, \ x_2, \ \cdots, \ x_n)$）。每个置信区间要么包含参数 $\theta$，要么不包含参数 $\theta$，包含的概率为 $1 - \alpha$。由贝努里大数定律，每 100 个这样的区间，大约有 100（$1 - \alpha$）个区间，包含参数 $\theta$。

## （一）单个正态总体 $N(\mu, \sigma^2)$ 的区间估计

设给定置信水平为 $1-\alpha$，并设 $(X_1, X_2, \cdots, X_n)$ 是总体 $N(\mu, \sigma^2)$ 的样本，$\overline{X}$ 和 $S^2$ 分别是样本均值和样本方差。

1. 方差 $\sigma^2$ 已知时对均值 $\mu$ 的区间估计

由于 $\overline{X} = \dfrac{1}{n}\displaystyle\sum_{i=1}^{n} X_i$ 是 $\mu$ 的无偏估计，且 $\overline{X} \sim N\left(\mu, \dfrac{\sigma^2}{n}\right)$，所以随机变量

$$U = \frac{\overline{X} - \mu}{\sigma}\sqrt{n} \sim N(0, 1) \quad,$$

给定 $\alpha(0 < \alpha < 1)$，按标准正态分布的上 $\alpha$ 分位点的定义，有

$$P(|U| < u_{\alpha/2}) = P\left(\left|\frac{\overline{X} - \mu}{\sigma}\sqrt{n}\right| < u_{\alpha/2}\right) = 1 - \alpha,$$

其中 $u_{\alpha/2}$ 是标准正态分布的上 $\dfrac{\alpha}{2}$ 分位点，即

$$\int_{u_{\alpha/2}}^{+\infty} \varphi(x)\ \mathrm{d}x = \int_{u_{\alpha/2}}^{+\infty} \frac{1}{\sqrt{2\pi}} \mathrm{e}^{-x^2/2} \mathrm{d}x = \frac{\alpha}{2} \text{。}$$

该公式等价于

$$P\left(\overline{X} - \frac{\sigma}{\sqrt{n}}u_{\alpha/2} < \mu < \overline{X} + \frac{\sigma}{\sqrt{n}}u_{\alpha/2}\right) = 1 - \alpha,$$

由此得到 $\mu$ 的置信度为 $1-\alpha$ 的置信区间为

$$\left(\overline{X} - \frac{\sigma}{\sqrt{n}}u_{\alpha/2}, \ \overline{X} + \frac{\sigma}{\sqrt{n}}u_{\alpha/2}\right),$$

有时简记为 $\left(\overline{X} \pm \dfrac{\sigma}{\sqrt{n}}u_{\alpha/2}\right)$。若取 $\alpha=0.05$，即 $1-\alpha=0.95$，又设 $\sigma=1$，$n=36$，则查表可得 $u_{\alpha/2} = u_{0.025} = 1.96$，于是得到一个置信度为 0.95 的置信区间，即

$$\left(\overline{X} \pm \frac{1}{\sqrt{36}} \times 1.96\right), \ \text{即} \ (\overline{X} \pm 0.33) \text{。}$$

若还可由一个样本值算得样本均值的观察值 $\overline{X} = 6.8$，这样得到 $\mu$ 的置信度

（置信概率）为 0.95 的一个置信区间（6.55，7.21）。这已不是随机区间了，但其意义表示，若反复抽样多次，每个样本值 $(x_1, x_2, \cdots, x_{36})$（$n=36$）按上面公式确定一个区间，则在这些区间中，包含 $\mu$ 的约占 95%，不包含 $\mu$ 的约占 5%。而今抽样得到区间（6.55，7.21），可认为该区间包含 $\mu$ 的可信度为 95%。

**2. 方差 $\sigma^2$ 未知时对均值 $\mu$ 的区间估计**

此时不能采用 $\left(\overline{X} - \dfrac{\sigma}{\sqrt{n}} u_{\alpha/2}, \ \overline{X} + \dfrac{\sigma}{\sqrt{n}} u_{\alpha/2}\right)$，公式给出的区间，因为其中含未知参数 $\sigma$。由于 $S^2$ 是 $\sigma^2$ 的无偏估计，一个自然的想法是将 $\left(\overline{X} - \dfrac{\sigma}{\sqrt{n}} u_{\alpha/2}, \ \overline{X} + \dfrac{\sigma}{\sqrt{n}} u_{\alpha/2}\right)$ 中的 $\sigma$ 换成 $S$。

$$T = \frac{\overline{X} - \mu}{S}\sqrt{n} \sim t(n-1)\ ,$$

对给定的 $\alpha(0 < \alpha < 1)$，查 $t$ 分布可得临界值 $t_{\alpha/2}(n-1)$，使得

$$P\left(\left|\frac{\overline{X} - \mu}{S}\sqrt{n}\right| < t_{\alpha/2}(n-1)\right) = 1-\alpha,$$

即

$$P\left(\overline{X} - \frac{S}{\sqrt{n}} t_{\alpha/2}(n-1) < \mu < \overline{X} + \frac{S}{\sqrt{n}} t_{\alpha/2}(n-1)\right) = 1-\alpha,$$

所以，$\sigma^2$ 未知时 $\mu$ 的置信度为 $1-\alpha$ 的置信区间为

$$\left(\overline{X} - \frac{S}{\sqrt{n}} t_{\alpha/2}(n-1)\ , \overline{X} + \frac{S}{\sqrt{n}} t_{\alpha/2}(n-1)\right)。$$

## （二）两个总体 $N(\mu_1, \ \sigma_1^2)$ 和 $N(\mu_2, \ \sigma_2^2)$ 的情形

在实际中常遇到这样的情况，产品的某一质量指标 $X$ 服从正态分布，但由于原料、设备、工艺及操作人员的变动，引起总体均值、总体方差有所改变。为了解这些变化有多大，就需要考虑两个正态总体均值差或方差比的估计问题。

设已给定置信度为 $1-\alpha$，并设 $X_1, X_2, \cdots, X_n$ 和 $Y_1, Y_2, \cdots, Y_{n_2}$ 是分

别来自正态总体 $N(\mu_1,\ \sigma_1^2)$ 和 $N(\mu_2,\ \sigma_2^2)$ 的样本，且两个样本相互独立。又设 $\overline{X}$，$S_1^2$ 分别是总体 $N(\mu_1,\ \sigma_1^2)$ 的容量为 $n_1$ 的样本均值和样本方差，$\overline{Y}$，$S_2^2$ 分别是 $N(\mu_2,\ \sigma_2^2)$ 的容量为 $n_2$ 的样本均值和样本方差。

1. 两总体均值差 $\mu_1 - \mu_2$ 的区间估计

（1）当方差 $\sigma_1^2$ 和 $\sigma_2^2$ 都已知时，

由于 $\overline{X} \sim N\left(\mu_1, \dfrac{\sigma_1^2}{n_1}\right)$，$\overline{Y} \sim N\left(\mu_2, \dfrac{\sigma_2^2}{n_2}\right)$，且 $\overline{X}$ 与 $\overline{Y}$ 相互独立，得

$$\overline{X} - \overline{Y} \sim N\left(\mu_1 - \mu_2, \frac{\sigma_1^2}{n_1} + \frac{\sigma_2^2}{n_2}\right),$$

从而

$$U = \frac{\overline{X} - \overline{Y} - (\mu_1 - \mu_2)}{\sqrt{\dfrac{\sigma_1^2}{n_1} + \dfrac{\sigma_2^2}{n_2}}} \sim N(0,\ 1) \ \text{。}$$

由此易推导出 $\mu_1 - \mu_2$ 的置信度为 $1 - \alpha$ 的置信区间为

$$\left(\overline{X} - \overline{Y} - u_{\alpha/2}\sqrt{\frac{\sigma_1^2}{n_1} + \frac{\sigma_2^2}{n_2}}, \overline{X} - \overline{Y} - u_{\alpha/2}\sqrt{\frac{\sigma_1^2}{n_1} + \frac{\sigma_2^2}{n_2}}\right) \text{。}$$

（2）当方差 $\sigma_1^2 = \sigma_2^2 = \sigma^2$ 且未知时，

$$t = \frac{\overline{X} - \overline{Y} - (\mu_1 - \mu_2)}{S_\omega\sqrt{\dfrac{1}{n_1} + \dfrac{1}{n_2}}} \sim t(n_1 + n_2 - 2) \quad,$$

其中

$$S_\omega = \sqrt{\frac{(n_1 - 1)\,S_1^2 + (n_2 - 1)\,S_2^2}{n_1 + n_2 - 2}},$$

$\mu_1 - \mu_2$ 的置信度为 $1 - \alpha$ 的置信区间为

$$\left( \overline{X} - \overline{Y} - t_{\alpha/2}(n_1 + n_2 - 2)\ S_\omega \sqrt{\frac{1}{n_1} + \frac{1}{\sqrt{n_2}}}, \overline{X} - \overline{Y} + t_{\alpha/2}(n_1 + n_2 - 2)\ S_\omega \sqrt{\frac{1}{n_1} + \frac{1}{\sqrt{n_2}}} \right) 。$$

**2. 两总体方差比 $\sigma_1^2 / \sigma_2^2$ 的区间估计**

先讨论 $\mu_1$，$\mu_2$ 未知的情形，由于

$$\frac{(n_1 - 1)\ S_1^2}{\sigma_1^2} \sim \chi^2(n_1 - 1)\ , \frac{(n_1 - 1)\ S_2^2}{\sigma_2^2} \sim \chi^2(n_2 - 1)\ ,$$

且由假设知 $\dfrac{(n_1 - 1)\ S_1^2}{\sigma_1^2}$ 与 $\dfrac{(n_1 - 1)\ S_2^2}{\sigma_2^2}$ 相互独立，于是由 $F$ 分布定义知

$$F = \frac{\dfrac{(n_1 - 1)\ S_1^2}{\sigma_1^2} / (n_1 - 1)}{\dfrac{(n_2 - 1)\ S_2^2}{\sigma_2^2} / (n_2 - 1)} = \frac{\sigma_2^2 S_1^2}{\sigma_1^2 S_2^2} \sim F(n_1 - 1,\ n_2 - 1)\ 。$$

于是，对于给定的 $\alpha$，查 $F$ 分布表可得临界值 $F_{\alpha/2}(n_1 - 1,\ n_2 - 1)$ 和 $F_{1-\alpha/2}(n_1 - 1,\ n_2 - 1)$ ，使得

$$P\left\{ \frac{S_1^2}{S_2^2} \frac{1}{F_{\alpha/2}(n_1 - 1,\ n_2 - 1)} < \frac{\sigma_1^2}{\sigma_2^2} < \frac{S_1^2}{S_2^2} \frac{1}{F_{\alpha/2}(n_1 - 1,\ n_2 - 1)} \right\} = 1 - \alpha ,$$

从而得 $\sigma_1^2 / \sigma_2^2$ 的置信度为 $1 - \alpha$ 的置信区间为

$$\left( \frac{S_1^2}{S_2^2} \frac{1}{F_{\alpha/2}(n_1 - 1,\ n_2 - 1)}, \frac{S_1^2}{S_2^2} \frac{1}{F_{\alpha/2}(n_1 - 1,\ n_2 - 1)} \right) 。$$

当置信区间的下限大于 1 时，则 $\sigma_1^2 > \sigma_2^2$ ；当置信区间的上限小于 1 时，则 $\sigma_1^2 < \sigma_2^2$ 。

若总体的期望 $\mu_1$，$\mu_2$ 已知，此时有

$$\frac{1}{\sigma_1^2} \sum_{i=1}^{n_1} (X_i - \mu_1)^2 \sim \chi^2(n_1)\ 分布, \frac{1}{\sigma_2^2} \sum_{i=1}^{n_1} (Y_i - \mu_2)^2 \sim \chi^2(n_2)\ 分布,$$

且 $\dfrac{1}{\sigma_1^2} \sum_{i=1}^{n_1} (X_i - \mu_1)^2$ 与 $\dfrac{1}{\sigma_2^2} \sum_{i=1}^{n_1} (Y_i - \mu_2)^2$ 相互独立，于是

$$\frac{1}{n_1\sigma_1^2}\sum_{i=1}^{n_1}(X_i-\mu_1)^2 \Big/ \frac{1}{n_2\sigma_2^2}\sum_{i=1}^{n_1}(Y_i-\mu_2)^2 \sim F(n_1,\ n_2)\ 分布,$$

$$P\left[F_{1-\alpha/2}(n_1,\ n_2)<\frac{\sigma_2^2}{\sigma_1^2}\ \frac{n_2\sum_{i=1}^{n_1}(X_i-\mu_1)^2}{n_1\sum_{i=1}^{n_2}(Y_i-\mu_2)^2}<F_{\alpha/2}(n_1,\ n_2)\right]=1-\alpha,$$

即

$$p\left[\frac{n_2\sum_{i=1}^{n_1}(X_i-\mu_1)^2}{n_1\sum_{i=1}^{n_2}(Y_i-\mu_2)^2 F_{\alpha/2}(n_1,\ n_2)}<\frac{\sigma_2^2}{\sigma_1^2}<\frac{n_2\sum_{i=1}^{n_1}(X_i-\mu_1)^2}{n_1\sum_{i=1}^{n_2}(Y_i-\mu_2)^2 F_{1-\alpha/2}(n_1,\ n_2)}\right]=1-\alpha,$$

从而得出方差比 $\sigma_1^2/\sigma_2^2$ 的置信度为 $1-\alpha$ 的置信区间为

$$\left[\frac{n_2\sum_{i=1}^{n_1}(X_i-\mu_1)^2}{n_1\sum_{i=1}^{n_2}(Y_i-\mu_2)^2 F_{\alpha/2}(n_1,\ n_2)},\ \frac{n_2\sum_{i=1}^{n_1}(X_i-\mu_1)^2}{n_1\sum_{i=1}^{n_2}(Y_i-\mu_2)^2 F_{1-\alpha/2}(n_1,\ n_2)}\right]。$$

例 6-8：设两位化验员 $A$，$B$ 独立地对某种聚合物含氯量用相同的方法分别做 8 次和 10 次测定，其测定的样本方差分别为 $S_1^2$ =0.5420，$S_2^2$ =0.5965，设总体均服从正态分布，求方差比 $\sigma_1^2/\sigma_2^2$ 为置信度为 95% 的置信区间。

解：已知 $n_1$=8，$n_2$=10，$\alpha$ =0.05，可得

$F_{\alpha/2}(7,9)$ =4.20，$F_{\alpha/2}(9,7)$ =4.82，

$$F_{1-\alpha/2}(7,9)=\frac{1}{F_{\alpha/2}(7,9)}=\frac{1}{4.82},$$

于是得出 $\sigma_1^2/\sigma_2^2$ 的置信度为 95% 的置信区间为（0.2163，4.3796）。

# 第二节　估计量的评选标准分析

对于总体 $X$ 的未知参数，可以用不同的估计方法，原则上任何统计量都可作为参数的估计量，但是哪一个估计量较好，这就涉及用什么样的标准来评价

概率论与数理统计

估计量的好坏的问题，下面介绍几个常用的评价标准。

## 一、无偏估计

估计量是随机变量，对不同的样本观察值就会得到不同的估计值。这样我们要确定一个估计量的好坏，就不能仅仅依据个别抽样的结果，必须从整体上来考察，我们希望估计值在参数真值附近徘徊且它的数学期望等于未知参数的真值，在统计学中称为无偏性。所谓无偏性即要求估计量无系统误差。

定义：设 $\hat{\theta} = \hat{\theta}(X_1, X_2, \cdots, X_n)$ 是未知参数 $\theta$ 的估计量，而且对于任意 $\theta \in \Theta$，有

$$E_{\theta}(\hat{\theta}) = E_{\theta}\left[\hat{\theta}(X_1, X_2, \cdots, X_n)\right] = \theta,$$

则称 $\hat{\theta} = \hat{\theta}(X_1, X_2, \cdots, X_n)$ 是 $\theta$ 的无偏估计量。

例 6-9：设总体 $X$ 的 $k$ 阶矩 $\alpha_k = EX^k$（$k$ 为自然数）存在，$X_1, X_2, \cdots, X_n$ 是 $X$ 的一个样本，证明样本的 $k$ 阶原点矩 $A_k = \frac{1}{n}\sum_{i=1}^{n} X_i^k$ 是 $k$ 阶总体矩 $\alpha_k$ 的无偏估计。

证：因为 $X_1, X_2, \cdots, X_n$ 与 $X$ 同分布，所以

$$E(A_k) = \frac{1}{n}\sum_{i=1}^{n} E(X_i^k) = \frac{1}{n}\sum_{i=1}^{n} E(X^k) = \alpha_k。$$

例 6-10：总体 $X$ 的方差 $\sigma^2$ 的矩估计量 $\hat{\sigma} = \frac{1}{n}\sum_{i=1}^{n}(X_i - \overline{X})^2$ 是有偏的。

解：样本方差 $S^2 = \frac{1}{n-1}\sum_{i=1}^{n}(X_i - \overline{X})^2$ 是 $\sigma^2$ 的无偏估计，从而有

$$E(\hat{\sigma_2}) = \frac{n-1}{n}E(S^2) = \frac{n-1}{n}\sigma^2 \neq \sigma^2,$$

所以 $\hat{\sigma_2}$ 是有偏的。

例 6-11：设 $X_1, X_2, \cdots, X_n$ 是来自参数为 $\lambda$ 的泊松分布的一个样本，证明：对任意 $0 \leqslant \alpha \leqslant 1$，$\alpha\overline{X} + (1-\alpha)S^2$ 都是参数 $\lambda$ 的无偏估计。

证：设总体 $X$ 服从泊松分布，则

$$E(X) = D(X) = \lambda,$$

又因

$$E(\overline{X}) = E(X) \ , \quad E(S^2) = D(X) \ ,$$

所以

$$E(\alpha\overline{X} + (1-\alpha)\,S^2) = \alpha\lambda + (1-\alpha)\,\lambda = \lambda \ ,$$

即 $\alpha\overline{X} + (1-\alpha)\,S^2$ 是 $\lambda$ 的无偏估计。

## 二、有效性

若 $\hat{\theta}_1$ 与 $\hat{\theta}_2$ 都是未知参数 $\theta$ 的无偏估计，即没有系统误差，哪一个观察值更集中在真值附近，我们就认为该估计量较优。由于方差是反映随机变量与其期望值的离散程度的，所以方差小者较好。

定义：设 $\hat{\theta}_1 = \hat{\theta}_1(X_1,\ X_2,\ \cdots,\ X_n)$ 与 $\hat{\theta}_2 = \hat{\theta}_2(X_1,\ X_2,\ \cdots,\ X_n)$ 都是 $\theta$ 的无偏估计，若

$$D(\hat{\theta}_1) \leqslant D(\hat{\theta}_2) \ ,$$

则称 $\hat{\theta}_1$ 比 $\hat{\theta}_2$ 有效。

考察 $\theta$ 的所有无偏估计量，如果其中存在一个估计量 $\hat{\theta}_0 = \hat{\theta}_0(X_1,\ X_2,\ \cdots,\ X_n)$ ，它的方差最小，则称 $\hat{\theta}_0$ 为 $\theta$ 的最小方差无偏估计。有效性的意义是，用 $\hat{\theta}$ 估计 $\theta$ 时，除无系统偏差外，还要求估计精度更高。

例 如， 设 $(X_1,\ X_2)$ 为总体 $X$ 的样本， $\hat{\theta}_1(X_1,\ X_2)$ 、 $\hat{\theta}_2(X_1,\ X_2) = \dfrac{1}{2}(X_1 + X_2)$ 都是总体均值 $E(X)$ 的无偏估计量，而

$$D(\hat{\theta}_1(X_1,\ X_2)) = D(X) \geqslant D\left(\frac{1}{2}(X_1 + X_2)\right) = \frac{1}{2}D(X) \ ,$$

所以 $\hat{\theta}_2(X_1,\ X_2)$ 比 $\hat{\theta}_1(X_1,\ X_2)$ 有效。

例 6-12：样本均值 $\overline{X}$ 是总体均值 $\mu$ 的所有线性无偏估计量中方差最小的。

证：因为 $\mu$ 的线性无偏估计量形如 $\displaystyle\sum_{i=1}^{n} C_i X_i$ ，其中 $\displaystyle\sum_{i=1}^{n} C_i = 1$ ，由柯西不等式得

$$\left(\sum_{i=1}^{n} C_i\right)^2 \leqslant n \sum_{i=1}^{n} C_i^2,$$

所以

$$D\overline{X} = \frac{\sigma^2}{n} = \sigma^2 \ \frac{1}{n}\left(\sum_{i=1}^{n} C_i\right)^2 \leqslant \sigma^2 \sum_{i=1}^{n} C_i^2$$

$$= \sum_{i=1}^{n} C_i^2 D(X_i) = D\left(\sum_{i=1}^{n} C_i X_i\right).$$

例 6-13：设总体 $X$ 服从 $[0, \theta]$ 上的均匀分布，$X_1, X_2, \cdots, X_n$ 是 $X$ 的样本，证明：$\hat{\theta}_1 = 2\overline{X}$ 和 $\hat{\theta}_2 = \dfrac{n+1}{n} \max_{1 \leqslant i \leqslant n}\{X_i\}$ 都是 $\theta$ 的无偏估计，问哪一个有效？

解：$E(\hat{\theta}_1) = 2E(\overline{X}) = 2E(X) = 2 \ \dfrac{\theta}{2} = \theta,$

记 $X_{(n)} = \max_{1 \leqslant i \leqslant n}\{X_i\}$，因总体 $X$ 的密度函数为

$$f(x, \theta) = \begin{cases} \dfrac{1}{\theta} \leqslant x \leqslant \theta, \quad \theta > 0, \\ 0, \ \text{其他}, \end{cases}$$

所以 $X_{(n)}$ 的密度函数为

$$f_{X_{(n)}}(x, \theta) = nF^{n-1}(x, \theta) \ f(x, \theta) = \begin{cases} \dfrac{nx_{n-1}}{\theta^n}, \ 0 \leqslant x \leqslant \theta, \\ 0, \qquad \text{其他}, \end{cases}$$

于是

$$E(\hat{\theta}_2) = \frac{n+1}{n} E(X_{(n)}) = \frac{n+1}{n} \int_0^{\theta} x \ \frac{nx^{n-1}}{\theta^n} \mathrm{d}x$$

$$= \frac{n+1}{n} \ \frac{n}{n+1} \theta = \theta,$$

即 $\hat{\theta}_1$ 和 $\hat{\theta}_2$ 都是 $\theta$ 的无偏估计。又

$$D(\hat{\theta}_1) = D(2\overline{X}) = 4D(\overline{X}) = \frac{4}{n} D(X)$$

$$= \frac{4}{n} \ \frac{\theta^2}{12} = \frac{\theta^2}{3n},$$

$$D(\hat{\theta}_2) = D\left(\frac{n+1}{n}E(X_{(n)})\right) = \left(\frac{n+1}{n}\right)^2 D(X_{(n)})$$

$$= \left(\frac{n+1}{n}\right)^2 \{E(X_{(n)}^2) - E(X_{(n)})^2\}$$

$$= \left(\frac{n+1}{n}\right)^2 \left\{\int_0^\theta x^2 \frac{nx^{n-1}}{\theta^n}dx - E(X_{(n)})^2\right\}$$

$$= \left(\frac{n+1}{n}\right)^2 \left\{\frac{2}{n+2}\theta^2 - \left(\frac{n+1}{n}\theta\right)^2\right\}$$

$$= \frac{\theta^2}{n(n+2)},$$

由于 $\dfrac{1}{n(n+2)} \leqslant \dfrac{1}{3n}$，因此 $D(\hat{\theta}_2) \leqslant D(\hat{\theta}_1)$，即 $\hat{\theta}_2$ 比 $\hat{\theta}_1$ 有效。

### 三、一致性

估计量 $\hat{\theta} = (X_1, X_2, \cdots, X_n)$ 的无偏性和有效性都是在样本容量 $n$ 固定的情况下提出的。然而，由于估计量 $\hat{\theta} = (X_1, X_2, \cdots, X_n)$ 依赖于样本容量 $n$，当样本容量 $n$ 增大时，关于总体的信息也随之增加，该估计应该更精确更可靠。因此我们希望随着 $n$ 的增大，估计量的值能稳定于待估参数的真值，这就是估计量的一致性。

定义：设 $\hat{\theta} = (X_1, X_2, \cdots, X_n)$ 为未知参数 $\theta$ 的估计量，若对于任意 $\theta \in \Theta$，当 $n \to \infty$ 时，$\hat{\theta} = (X_1, X_2, \cdots, X_n)$ 依概率收敛于 $\theta$，即对任意 $\varepsilon > 0$，有

$$\lim_{n \to \infty} P\{|\hat{\theta} - \theta| < \varepsilon\} = 1，$$

则称 $\hat{\theta} = \hat{\theta}(X_1, X_2, \cdots, X_n)$ 为 $\theta$ 的一致估计量，并记 $\hat{\theta} \xrightarrow{P} \theta(n \to \infty)$。

例 6-14：设 $(X_1, X_2, \cdots, X_n)$ 是总体 $X$ 的样本，证明：若 $E(X^k) = \alpha_k$ 存在有限，则样本 $k$ 阶原点矩 $A_k = \dfrac{1}{n}\sum_{i=1}^n X_i^k$ 是参数 $\alpha_k$ 的一致估

计；若 $D(X)=\sigma^2<\infty$ ，则样本方差 $S^2=\dfrac{1}{n-1}\sum\limits_{i=1}^{n}(X_i-\overline{X})^2$ 和样本二阶中心矩

$B^2=\dfrac{1}{n}\sum\limits_{i=1}^{n}(X_i-\overline{X})^2$ 都是 $\sigma^2$ 的一致估计。

证：因为 $X_1$ ，$X_2$ ，$\cdots$ ，$X_n$ 相互独立且与 $X$ 同分布，故 $X_1^k$ ，$X_2^k$ ，$\cdots$ ，$X_n^k$ 也相互独立且与 $X^k$ 同分布，因此由独立同分布时的大数定律知，对任意的 $\varepsilon>0$ ，有

$$\lim_{n\to\infty}P\left(\left|\frac{1}{n}\sum_{i=1}^{n}X_i^k-E(X^k)\right|<\varepsilon\right)=1 ,$$

即 $\dfrac{1}{n}\sum\limits_{i=1}^{n}X_i^k$ 依概率收敛于 $E(X^k)$ ，所以 $A_k$ 是 $\alpha_k$ 的一致估计量。

因为

$$B^2=\frac{1}{n}\sum_{i=1}^{n}(X_i-\overline{X})^2=\frac{1}{n}\sum_{i=1}^{n}X_i^2-\overline{X}^2 ,$$

可知 $\dfrac{1}{n}\sum\limits_{i=1}^{n}X_i^2\xrightarrow{P}E(X^2)$ ，$\overline{X}\xrightarrow{P}E(X)$ ，再根据依概率收敛的性质有

$$B_2\xrightarrow{P}E(X^2)-(E(X))^2=D(X)=\sigma^2(n\to\infty) ,$$

即 $B_2$ 是 $\sigma^2$ 的一致估计。

由于 $\dfrac{n}{n-1}\to 1(n\to\infty)$ ，而

$$S^2=\frac{1}{n-1}\sum_{i=1}^{n}(X_i-\overline{X})^2=\frac{n}{n-1}\ \frac{1}{n}\sum_{i=1}^{n}(X_i-\overline{X})^2=\frac{n}{n-1}B_2 ,$$

故 $S^2\xrightarrow{P}\sigma^2(n\to\infty)$ ，即 $S^2$ 也是 $\sigma^2$ 的一致估计。

# 第三节 单侧区间估计内容研究

对未知参数，我们确定两个统计量 $\hat{\theta}_1$ ，$\hat{\theta}_2$ ，得到 $\theta$ 的置信区间（ $\hat{\theta}_1$ ，$\hat{\theta}_2$ ），

称为双侧置信区间，而在某些实际问题中，我们只关心未知参数的下限或上限，这就引出了单侧置信区间。

定义：设 $X_1$，$X_2$，$\cdots$，$X_n$ 是来自总体 $X$ 的一个样本，$\theta$ 是与总体分布有关的未知参数，对给定的 $\alpha(0 < \alpha < 1)$，若统计量 $\hat{\theta}_1 = \hat{\theta}_1(X_1$，$X_2$，$\cdots$，$X_n)$ 满足

$$P(\hat{\theta}_1(X_1，X_2，\cdots，X_n) < \theta) = 1 - \alpha,$$

则称随机区间 $(\hat{\theta}_1, +\infty)$ 是参数 $\theta$ 的置信度为 $1 - \alpha$ 的单侧置信区间，$\hat{\theta}$ 称为 $\theta$ 的置信度为 $1 - \alpha$ 的单侧置信下限或置信下界；又若统计量 $\hat{\theta}_2 = \hat{\theta}_2(X_1$，$X_2$，$\cdots$，$X_n)$ 满足

$$P(\theta < \hat{\theta}_2(X_1，X_2，\cdots，X_n)) = 1 - \alpha,$$

则称随机区间 $(-\infty, \hat{\theta}_2)$ 是 $\theta$ 的置信度为 $1 - \alpha$ 的单侧置信区间，$\hat{\theta}_2$ 称为 $\theta$ 的置信度为 $1 - \alpha$ 的单侧置信上限或置信上界。

下面给出正态总体 $N(\mu, \sigma^2)$ 中参数的单侧置信区间。

首先给出均值 $\mu$ 的单侧置信区间。

若 $\sigma^2$ 已知，由 $U = \dfrac{\overline{X} - \mu}{\sigma}\sqrt{n} \sim N(0, 1)$，

$$P\left(\frac{\overline{X} - \mu}{\sigma}\sqrt{n} > u_\alpha\right) = P(N(0, 1) > u_\alpha) = 1 - \alpha,$$

即

$$P\left(\mu < \overline{X} + \frac{\sigma}{\sqrt{n}}u_\alpha\right) = 1 - \alpha,$$

则得到 $\mu$ 的置信度为 $1 - \alpha$ 的单侧置信区间为 $\left(-\infty, \overline{X} + \dfrac{\sigma}{\sqrt{n}}u_\alpha\right)$，$\mu$ 置信度为 $1 - \alpha$ 的单侧置信上限为 $\overline{X} + \dfrac{\sigma}{\sqrt{n}}u_\alpha$。类似地，可得 $\mu$ 的另一置信 $1 - \alpha$ 的单侧置信区间为 $\left(\overline{X} - \dfrac{\sigma}{\sqrt{n}}u_\alpha, +\infty\right)$，$\overline{X} - \dfrac{\sigma}{\sqrt{n}}u_\alpha$ 为 $\mu$ 的置信度为 $1 - \alpha$ 的单侧置信下限。

若 $\sigma^2$ 未知，则可知

$$T = \frac{\overline{X} - \mu}{S} \sqrt{n} \sim t(n-1) \quad ,$$

$$P\left( \frac{\overline{X} - \mu}{S} \sqrt{n} < t_\alpha(n-1) \right)$$

$$= P(t(n-1) < t_\alpha(n-1) \ )$$

$$= 1 - \alpha,$$

即

$$P\left( \mu > \overline{X} - \frac{S}{\sqrt{n}} t_\alpha(n-1) \right) = 1 - \alpha \ ,$$

则得到 $\mu$ 的一个置信度为 $1-\alpha$ 的单侧置信区间为 $\left( \overline{X} - \frac{S}{\sqrt{n}} t_\alpha(n-1) \ , +\infty \right)$,

$\mu$ 的置信度为 $1-\alpha$ 的单侧置信下限为 $\overline{X} - \frac{S}{\sqrt{n}} t_\alpha(n-1)$ 。类似地,可得 $\mu$ 的另

一置信度为 $1-\alpha$ 的单侧置信区间 $\left( -\infty, \overline{X} + \frac{S}{\sqrt{n}} t_\alpha(n-1) \right)$, $\overline{X} + \frac{S}{\sqrt{n}} t_\alpha(n-1)$ 为

$\mu$ 的置信度为 $1-\alpha$ 的单侧置信上限。

其次给出方差 $\sigma^2$ 的单侧置信区间。

可知:

$$\chi^2 = \frac{(n-1) S^2}{\sigma^2} \sim \chi^2(n-1) \quad ,$$

再由

$$P\left( \frac{(n-1) S^2}{\sigma^2} > \chi^2_{1-\alpha}(n-1) \right) = P(\chi^2(n-1) > \chi^2_{1-\alpha}(n-1) \ ) = 1 - \alpha \ ,$$

即

$$P\left( \sigma^2 < \frac{(n-1) S^2}{\chi^2_{1-\alpha}(n-1)} \right) = 1 - \alpha \ ,$$

得到 $\sigma^2$ 的一个置信度为 $1-\alpha$ 的单侧置信区间 $\left( 0, \frac{(n-1) S^2}{\chi^2_{1-\alpha}(n-1)} \right)$。类似地,

可得 $\sigma^2$ 的另一个置信度 $1-\alpha$ 的单侧置信区间为 $\left( \frac{(n-1) S^2}{\chi^2_\alpha(n-1)}, +\infty \right)$。

例 6-15：从一大批灯泡中随机抽取 6 只做寿命试验，测得使用寿命（以小时计）分别为：1210，1250，1320，1280，1330，设灯泡使用寿命服从正态分布。求灯泡使用寿命平均值 95% 的单侧置信区间下限以及灯泡使用寿命方差 95% 的单侧置信区间上限。

解：因为本例中 $n=6$，$\alpha=0.05$，$t_\alpha(n-1)=t_{0.05}(5)=2.015$，$\chi^2_{1-\alpha}(n-1)$

$=\chi^2_{0.95}(5)=1.145$，$\bar{x}=1270$，$s^2=\dfrac{1}{5}\sum\limits_{i=1}^{6}(x_i-\bar{x})^2=2360$，s=48.58。于是得到

灯泡使用寿命平均值 $\mu$ 的 95% 的单侧置信区间下限为

$$\hat{\mu}_1=\bar{x}-\frac{s}{\sqrt{n}}t_\alpha(n-1)=1230.037，$$

使用寿命方差 $\sigma^2$ 的 95% 的单侧置信区间的上限为

$$\hat{\sigma}_2^2=\frac{(n-1)\,s^2}{\chi^2_{1-\alpha}(n-1)}=10305.677。$$

# 第七章　假设检验概论

## 第一节　参数假设检验的问题与方法分析

### 一、参数假设检验的问题

参数假设检验通常是指，根据样本来判断总体分布的数字特征是否是某一指定的数。例如，已知样本来自正态总体 $N(\mu, \sigma^2)$，判断它是否来自均值 $\mu = \mu_0$，方差 $\sigma^2 = \sigma_0^2$ 的正态总体，这里 $\mu_0$，$\sigma_0^2$ 是已知常数。下面我们给出一个实例来说明参数假设检验的问题的提出与检验方法。

例 7-1：化肥厂包装化肥，每包标准质量为 50 kg，实际质量服从正态分布 $N(\mu, \sigma^2)$，根据机械精度与以往经验知标准差 $\sigma = 1.2$ kg。从某日生产的化肥中任取 9 包，测得净重（kg）如下：

49.5，49.4，50.1，50.4，49.3，49.9，49.8，50.0，50.5。

问该日打包机工作是否正常。

解：若用 $X$ 表示袋装化肥的质量，则打包机工作正常是指 $X \sim N(50, 1.2^2)$。若 $X$ 不服从这个正态分布，则打包机工作就不正常。现在的问题是，如何根据样本观测值（9 包化肥的质量）来判断总体均值 $\mu$ 是否为 $\mu_0 = 50$ kg（这里暂不考虑 $\sigma$ 可能也改变的情形）。为此，我们提出假设：

$H_0$：$\mu = \mu_0 = 50$，

称其为原假设或零假设，与这个假设相对应的假设是

$H$：$\mu \neq \mu_0$，

称其为备择假设。

于是问题转化为检验假设 $H_0$ 是否为真。当 $H_0$ 为真，则认为打包机工作正常，否则就认为打包机工作不正常。

## 二、参数假设检验的方法分析

我们的任务就是要根据样本对假设做出判断。由于样本均值 $\bar{x} = \sum\limits_{i=1}^{n} x_i$ 是总体均值 $E(X) = \mu$ 的无偏估计，故当 $H_0$ 为真时，样本均值 $\bar{x}$ 与总体均值的偏差 $|\bar{x} - \mu_0|$ 应很小。当 $|\bar{x} - \mu_0|$ 过大时，我们就应当怀疑 $H_0$ 是不正确的，从而拒绝 $H_0$，即打包机工作不正常（包装过多或过少）。如何给出一个明确的数量界限，以确定偏差 $|\bar{x} - \mu_0|$ 是否过大呢。

当 $H_0$ 真时，$\bar{x} \sim N\left(\mu_0, \dfrac{\sigma^2}{n}\right)$，其中 $\mu_0$，$\sigma^2$ 都是已知常数，于是统计量

$$U = \frac{(x - \mu_0)\sqrt{n}}{\sigma} \sim N(0,\ 1)\ 。$$

当 $H_0$ 为真时，$|U|$ 应比较小；当 $H_0$ 不真时，$|U|$ 有变大的趋势。若 $|U|$ 超过某一限度，即小概率事件发生了，而小概率事件在一次试验中是几乎不可能发生的，从而拒绝 $H_0$，对给定的小概率 $\alpha$，由 $P(|U| < U_\alpha) = 1 - \alpha$ 确定 $U_\alpha$，$U_\alpha$ 就是根据样本观测值确认小概率事件是否已发生的数量界限，从而得拒绝域 $(-\infty, -U_\alpha)$ $(U_\alpha, +\infty)$。若 $U_\alpha$ 落在拒绝域内，则原假设 $H_0$ 不真。

由样本算得 $\bar{x} = 49.88$，不妨取 $\alpha = 0.05$，则 $U_{0.05} = 1.96$，于是

$$|U| = \left|\frac{49.88 - 50}{1.2 / \sqrt{9}}\right| = 0.3 < 1.96\ ,$$

$U$ 值没有落在拒绝域内，故不否定 $H_0$，即可以认为当日打包机工作正常。

如果第二天仍抽取 9 包算得 $\bar{x} = 49.18$，则

$$|U| = \left|\frac{49.18 - 50}{1.2 / \sqrt{9}}\right| = 2.03 > 1.96\ ,$$

即 $U$ 值落在拒绝域内，则应否定 $H_0$，即判断打包机工作不正常。

检验是在假设 $H_0$ 与 $H_1$ 之间做选择，拒绝 $H_0$，意味着接受 $H_1$；接受 $H_0$，表示拒绝 $H_1$。所以检验问题，通常称为在显著性水平 $\alpha$ 下，检验假设：

$H_0$：$\mu = \mu_0$；$H_1$：$\mu \neq \mu_0$，

简称 $H_0$ 对 $H_1$ 的检验。

由于小概率事件并非绝对不可能发生，从而上述统计推断方法也有可能会出现错误。这样的错误可以分成两类：第一类是"弃真"，即以"真"为"假"，如上例中把"正常"判断为"不正常"。由上述判断过程可知，犯第一类错误的概率是 $\alpha$，我们正是用 $\alpha$ 来控制犯第一类错误的概率的。第二类错误是"取伪"，即以"假"为"真"，如上例中也有可能把"不正常"判为"正常"。由于"伪"的情形不同，犯第二类错误的概率难以精确给出。显著水平 $\alpha$ 越小，犯第一类错误的概率也就越小，但犯第二类错误的概率也就越大。对于一个实际问题，要由问题的性质适当确定小概率 $\alpha$ 的值。

# 第二节　单总体参数与两总体参数检验

## 一、单总体参数的检验

### （一）单总体均值的假设检验——检验假设 $H_0$：$\mu = \mu_0$

1. 正态总体，方差已知

设总体 $X \sim N(\mu, \sigma^2)$，其中 $\sigma^2$ 为已知，从中抽取样本 $x_1, x_2, \cdots, x_n$，算得 $\bar{x} = \frac{1}{n}\sum x_i$，现检验假设 $H_0$：$\mu = \mu_0$（$\mu_0$ 为已知常数）。可用 $U$ 检验法，即令 $U = \frac{\bar{x} - \mu_0}{\sigma / \sqrt{n}}$，当 $H_0$ 成立时，$U \sim N(0, 1)$；若 $H_0$ 不成立，则 $|U|$ 有增大趋势。对给定的显著水平 $\alpha$，由 $P(|U| < U_\alpha) = 1 - \alpha$ 确定 $U$ 作为临界值。若 $|U| > U$，则否定 $H_0$；否则，接受 $H_0$。

2. 正态总体，方差未知

设总体 $X \sim N(\mu, \sigma^2)$，其中 $\sigma^2$ 未知，要由样本检验 $H_0$：$\mu = \mu_0$ 是否成立，可用 $T$ 检验法，即令 $T = \frac{\bar{x} - \mu_0}{s^* / \sqrt{n}}$，当 $H_0$ 成立时，$T \sim t(n-1)$；若 $H_0$ 不成立，

$|T|$ 有增大趋势。对给定的显著水平 $\alpha$，由 $P(|T|<T_\alpha)=1-\alpha$ 确定 $t_\alpha=t_\alpha(n-1)$ 作为临界值。若 $|T|>T_\alpha$，则否定 $H_0$；否则，接受 $H_0$。

例 7-2：用一种简易测温装置测量铁水温度（单位：℃）6 次，得如下数据：1318，1315，1308，1316，1315，1312。

若铁水的实际温度为 1310℃，问该简易测温装置是否有系统误差（取 $\alpha=0.05$）。

解：按题意，即检验假设 $H_0$：$\mu=1310$。经计算算得

$$\bar{x}=\frac{1}{6}\sum x_i=1314，$$

$$\sum(x_i-\bar{x})^2=62，$$

$$s^*=\sqrt{\frac{1}{5}\sum(x_i-\bar{x})^2}=3.5214，$$

$$T=\frac{1314-1310}{3.5214/\sqrt{6}}=2.7824。$$

对 $\alpha=0.05$，查得 $t_\alpha=t_\alpha(5)=2.5706$，由于 $|T|>T_\alpha$，故否定 $H_0$，即认为该简易测温装置有系统误差。若取 $\alpha=0.01$，则 $t_\alpha(5)=4.0322$，此时 $|T|<T_\alpha$，不否定 $H_0$，即认为该简易测温装置无系统误差。可见，判断结果与显著水平 $\alpha$ 关系极大，对 $\alpha$ 的选择应考虑实际问题的性质。

### 3. 非正态总体，大样本

在大样本的条件下，无论原来的总体的分布如何，一般都可以归结为 $U$ 检验。设总体 $X$ 的均值为 $\mu$，方差为 $\sigma^2$，从中抽取样本 $x_1$，$x_2$，$\cdots$，$x_n$。由独立分布的中心极限定理知，$\sum x_i$ 渐近服从 $N(n\mu,\ n\sigma^2)$，于是 $\bar{x}=\frac{1}{n}\sum x_i$ 渐近服从 $N(\mu,\ \sigma^2/n)$。将其标准化后，$\frac{\bar{x}-\mu}{\sigma/\sqrt{n}}$ 近似服从 $N(0,1)$，于是 $H_0$ 成立时，

$U=\frac{\bar{x}-\mu}{\sigma/\sqrt{n}}$ 近似服从 $N(0,1)$，当 $n$ 较大时，即可用 $U$ 检验。若总体方差未知，用样本方差 $s$ 代替 $\sigma$，仍有 $U=\frac{\bar{x}-\mu}{\sigma/\sqrt{n}}$ 近似服从 $N(0,1)$，仍用 $U$ 检验。

例 7-3：某牧场有 300 头乳牛，平均每头产奶 18 kg。今考察其中一个品系的 50 头乳牛，得平均每头日产奶 20.1 kg，标准差 6.4 kg。问该品系的平均产奶量与一般品系是否有显著不同（$\alpha$=0.05）。

解：$n$=50，可认为是大样本，要检验 $H_0$：$\mu$=18，用 $U$ 检验，计算求得

$$U = \frac{\bar{x} - \mu}{\sigma / \sqrt{n}} = \frac{20.1 - 18}{6.4 / \sqrt{50}} = 2.32 。$$

这里 $U$=2.32>$U_{0.05}$=1.96，故应否定 $H_0$，即该品系乳牛的平均产奶量与一般品系确有显著不同。

## （二）单总体方差的假设检验——$\chi^2$ 检验

设总体 $X \sim N(\mu,\ \sigma^2)$，从中抽取样本 $x_1$，$x_2$，$\cdots$，$x_n$，要检验 $H_0$：$\sigma^2 = \sigma_0^2$。由抽样分布定理知 $\frac{ns^2}{\sigma^2} \sim \chi^2(n-1)$。当原假 $H_0$ 成立时，统计量 $\chi^2 = \frac{ns^2}{\sigma^2} \sim \chi^2(n-1)$。若 $H_0$ 不成立，则 $\chi^2$ 有可能变得过大或过小。给定显著水平 $\alpha$，查得临界值 $K_1 = \chi^2_{\frac{\alpha}{2}}(n-1)$，$K_2 = \chi^2_{\left(1-\frac{\alpha}{2}\right)}(n-1)$，则在 $H_0$ 成立时，应有 $P(K_2 < \chi^2 < K_1) = 1 - \alpha$。

若 $\chi^2 > K_1$ 或 $\chi^2 > K_2$，则否定 $H_0$，即原假设不成立；若 $K_2 < \chi^2 < K_1$，则接受 $H_0$，即原假设成立。

例 7-4：某厂生产的维尼纶纤维长度服从正态分布，其标准差通常为 0.048，今从某一批次中任取 5 根纤维，测得其长度（单位：m）为 1.32，1.55，1.36，1.40，1.44。据此判断该批次的方差是否正常（$\alpha$=0.1）。

解：要检验假设 $H_0$：$\sigma^2 = 0.048^2$，用 $\chi^2$ 检验，可得

$$\bar{x} = \frac{1}{5}\sum x_i = 1.414,\ ns^2 = \sum(x_i - \bar{x})^2 = 0.03112，$$

$$\chi^2 = \frac{ns^2}{0.048^2} = 13.51 。$$

查得 $K_1 = \chi^2_{0.05}(4) = 9.488$，$K_2 = \chi^2_{0.95}(4) = 0.711$。$\chi^2 = 13.51 > K_1 = 9.488$，故否定 $H_0$，即该批次维尼纶纤维长度的方差与通常相比有显著变化。实际上，

容易算得该批次维尼纤维长度的样本标准差为 $s=0.079$，比通常的 0.048 确有明显增大。

## 二、两总体参数检验

在统计推断中经常遇到两总体的比较问题，即比较两总体的参数是否有显著差异。设总体 $X \sim N(\mu_1,\ \sigma_1^2)$，$Y \sim N(\mu_2,\ \sigma_2^2)$，从两个总体中分别抽取样本 $x_1,\ x_2,\ \cdots,\ x_m$；$y_1,\ y_2,\ \cdots,\ y_n$，统计量

$$\bar{x} = \frac{1}{m}\sum x_i,\ \bar{y} = \frac{1}{n}\sum y_1,\ s_1^2 = \frac{1}{m}\sum (x_i - \bar{x})^2,\ s_2^2 = \frac{1}{n}\sum (y_i - \bar{y})^2$$

分别表示两个样本的均值与方差。

### （一）两总体均值的检验

1. $\sigma_1^2$，$\sigma_2^2$ 已知或大样本，检验 $H_0$：$\mu_1 = \mu_2$，用 $U$ 检验

由于 $\bar{x} \sim N(\mu_1,\ \sigma_1^2/m)$，$\bar{y} \sim N(\mu_2,\ \sigma_2^2/n)$，且 $\bar{x}$ 与 $\bar{y}$ 独立，于是

$$\bar{x} - \bar{y} \sim N\left(\mu_1 - \mu_2, \frac{\sigma_1^2}{m} + \frac{\sigma_2^2}{n}\right)。$$

当 $H_0$：$\mu_1 = \mu_2$ 成立时，有

$$U = (\bar{x} - \bar{y}) / \sqrt{\frac{\sigma_1^2}{m} + \frac{\sigma_2^2}{n}} \sim N(0,\ 1)。$$

当 $H_0$ 不成立时，$|U|$ 有增大趋势。对给定的显著水平 $\alpha$，若 $|U| > U_\alpha$，则否定 $H_0$，即两总体均值有显著差异；否则，接受 $H_0$。

对于大样本情形，则无论两总体是否正态，也无论总体方差是否已知，均可用 $U$ 检验，此时，用 $s_1^2$ 代替 $\sigma_1^2$，用 $s_2^2$ 代替 $\sigma_2^2$，当 $H_0$：$\mu_1 = \mu_2$ 成立时，有

$$U = (\bar{x} - \bar{y}) / \sqrt{\frac{\sigma_1^2}{m} + \frac{\sigma_2^2}{n}}$$

近似服从 $N(0,\ 1)$。若 $|U| > U_\alpha$，则否定 $H_0$。

例 7-5：比较两批棉纱的断裂强度。第一批取 200 根，得 $\bar{x} = 0.266$ kg，$s_1 = 0.109$ kg，第二批取 100 根，得 $\bar{y} = 0.288$ kg，$s_2 = 0.088$ kg，问两批棉纱的强度有无显著差异（$\alpha = 0.05$）？

解：$m=200$，$n=100$，属大样本。检验假设 $H_0$：$\mu_1 = \mu_2$，用 $U$ 检验

$$U = (0.266 - 0.288) / \sqrt{\frac{0.109^2}{200} + \frac{0.088^2}{100}} = -1.8 ,$$

$|U| = 1.8 < U_{0.05} = 1.96$，不否定 $H_0$，即可认为两种棉纱之断裂强度无显著差异。

2. $\sigma_1^2$，$\sigma_2^2$ 未知，$H_0$：$\mu_1 = \mu_2$ 检验，用 $T$ 检验

此时，一般假定 $\sigma_1^2 = \sigma_2^2$，可以证明，当 $H_0$ 成立时，统计量

$$T = (\bar{x} - \bar{y}) / \sqrt{\frac{ms_1^2 + ns_2^2}{m + n - 2} \frac{m+n}{mn}} \sim t_{(m+n-2)} 。$$

当 $H_0$ 不成立时，$|T|$ 有增大趋势。对给定的显著水平 $\alpha$，由 $P(|T| < t_\alpha) = 1 - \alpha$ 确定 $t_\alpha$。若 $|T| > t_\alpha$，则否定 $H_0$；否则接受 $H_0$。

例 7-6：比较两批灯泡的使用寿命。从第一批中取出 5 只，得平均使用寿命时数 $\bar{x} = 1000$，$s_1 = 28$，第二批中取 7 只，得 $\bar{y} = 980$，$s_2 = 32$，问这两批灯泡之平均使用寿命是否有显著差异（$\alpha = 0.05$）？

解：$m=5$，$n=7$，$H_0$：$\mu_1 = \mu_2$，用 $T$ 检验

$$T = (1000 - 980) / \sqrt{\frac{5 \times 28^2 + 7 \times 32^2}{5 + 7 - 2} \frac{5+7}{5 \times 7}} = 1.026 ,$$

查得 $t_{0.05}(5 + 7 - 2) = t_{0.05}(10) = 2.2281 > |T| = 1.026$，则不否定 $H_0$，即可认为两批灯泡的使用寿命无显著差异。

例 7-7：比较两种杂交玉米在同样耕作条件下的产量表现，在某乡选择 8 个地块做对比试验，得数据（已简化）如表 7-1 所示。

表 7-1 试验对比数据

| 小区 | 1 | 2 | 3 | 4 | 5 | 6 | 7 | 8 |
|------|----|----|----|----|----|----|----|----|
| $x_i$ | 86 | 87 | 56 | 93 | 84 | 93 | 75 | 79 |
| $y_i$ | 80 | 79 | 58 | 91 | 77 | 82 | 74 | 66 |

给出 $\alpha = 0.05$，判断两品种的单产有无显著差异。

解：检验 $H_0$：$\mu_1 = \mu_2$，这里 $m=n=8$，$\bar{x} = 81.625$，$ms_1^2 = \sum (x_i - x)^2 = 1019.875$，$\bar{y} = 78.87$，$ns_2^2 = \sum (y_i - \bar{y})^2 = 714.875$，按上述算法可得

$$T = (\bar{x} - \bar{y}) / \sqrt{\frac{ms_1^2 + ns_2^2}{m+n-2} \cdot \frac{m+n}{mn}} = 1.03 。$$

而 $t_{0.05}(14) = 2.1448$，故 $|T| < t_{0.05}$，应接受 $H_0$，即两种品种的产量表现并无显著差异。

本题也可以这样考虑，记 $Z=X-Y$，则 $Z$ 的大小反映了 $X$ 与 $Y$ 的差异程度。由上述数据可得总体 $Z$ 的样本 $z_i$ 的值为 6，8，-2，2，7，11，1，13。对总体 $X$ 与 $Y$ 检验 $H_0$: $\mu_1 = \mu_2$，相当于对总体 $Z$ 检验 $H_0$: $\mu = 0$。当 $H_0$: $\mu = 0$ 成立时，统计量 $T = \dfrac{\bar{z}}{s^* / \sqrt{n}} \sim t_{(n-1)}$。计算得 $\bar{z} = 5.75$，样本修正方差 $s^* = 5.12$，于是

$$T = \frac{5.75}{5.12}\sqrt{8} = 3.17，$$ 而 $t_{0.05}(7) = 2.3646$，故 $|T| > t_{0.05}$，应否定 $H_0$，即认为两种产品的产量确有显著差异。

以上介绍的方法称为配对 $T$ 检验法。同一个问题用配对 $T$ 检验法或不配对 $T$ 检验法，可能得到不同的判断结果。究竟采用哪种方法，要做具体分析。如本例的数据确实是由配对试验得出的，则采用配对 $T$ 检验法比较合适。

### （二）两总体方差的检验——$F$ 检验

设总体 $X \sim N(\mu_1, \sigma_1^2)$，$Y \sim N(\mu_2, \sigma_2^2)$，由样本检验 $H_0$: $\sigma_1^2 = \sigma_2^2$。先由样本计算：

$$\bar{x} = \frac{1}{m}\sum x_i, \bar{y} = \frac{1}{n}\sum y_i，$$

$$s_1^2 = \frac{1}{m}\sum(x_i - \bar{x})^2，s_2^2 = \frac{1}{n}\sum(y_i - \bar{y})^2。$$

根据抽样分布定理知 $\dfrac{ms_1^2}{\sigma_1^2} \sim X^2(m-1)$，$\dfrac{ns_2^2}{\sigma_2^2} \sim X^2(n-1)$。注意到 $s_1^2$ 与 $s_2^2$ 独立，当原假设 $H_0$ 成立时，有

$$F = \frac{ms_1^2}{m-1} / \frac{ns_2^2}{n-1} s_1^{*2} / s_2^{*2} \sim F(m-1, n-1)，$$

其中

$$s_1^{*2} = \frac{1}{m-1}\sum(x_i - \bar{x})^2 ,$$

$$s_2^{*2} = \frac{1}{n-1}\sum(y_i - \bar{y})^2 。$$

分别表示两个总体的样本修正方差。若 $H_0$ 不成立，则统计量 $F$ 的值会变得过大或过小，对给定的显著水平 $\alpha$，若 $F > F_{\frac{\alpha}{2}}$ 或 $F < F_{\left(1-\frac{\alpha}{2}\right)}$，则否定原假设 $H_0$，即认为两种方差有显著差异；否则，接受 $H_0$。

例 7-8：用例 7-7 的数据，判断两总体的方差有无显著差异（ $\alpha$ =0.05）。

解：检验假设 $H_0$：$\sigma_1^2 = \sigma_2^2$，这里 $m=n=8$，

$$\sum(x_i - \bar{x})^2 = 1019.875 ,$$

$$\sum(y_i - \bar{y})^2 = 714.875 ,$$

$$F = s_1^{*2} / s_2^{*2} = 1.43 ,$$

查得

$$F_{0.025}(7, 7) = 4.9 ,$$

$$F_{0.975}(7, 7) = \frac{1}{F_{0.025}(7,7)} = 0.20$$

显然 $F$ 介于 $F_{0.025}$ 与 $F_{0.975}$ 之间，故不否定 $H_0$，即认为两总体的方差并无显著差异。

## 第三节　非参数检验分析

参数假设检验认为总体分布类型已知，只对其中的未知参数进行假设检验。在实际问题中，总体的分布类型往往未知，要由样本来检验总体是否服从某种分布。这一类检验称为分布函数拟合检验，也称非参数检验。此类检验的原假设是 $H_0$：$F(x) = F_0(x)$，其中 $F_0(x)$ 为已知的分布函数。检验 $H_0$ 可用 $\chi^2$ 检验。先将总体 $X$ 的取值范围分成 $k$ 个区间 $(t_0, t_1)$ $(t_1, t_2)$，…，$(t_{(k-1)}, t_k)$，其中 $t_0$ 可取 $-\infty$，$t_k$ 可取 $+\infty$。若原假设 $H_0$ 成立，则随机变量 $X$ 落入区间 $(t_{(k-1)}, t_k)$ 的概率应为

$$p_i = F_0(t_i) - F_0(t_{i-1})，i=1，2，\cdots，k。$$

设样本容量为 $n$，则 $n$ 个样品中应有 $np_i$ 个落入区间 $(t_{(i-1)}，t_i)$，称 $np_i$ 为理论频数，并记为 $n_i$。$n$ 个样品实际落入区间 $(t_{(i-1)}，t_i)$ 的个数记为 $m_i$，称实际频数。若 $H_0$ 成立，则 $m_i$ 与 $n_i$ 的差异比较小。反过来，若 $m_i$ 与 $n_i$ 的差异很大，则应否定 $H_0$。对此，有如下定理。

定理：首先，若 $F_0(x)$ 中不含未知参数，则当 $H_0$：$F(x) = F_0(x)$ 成立时，统计量 $\chi^2 = \sum_{i=1}^{k} \dfrac{(m_i - n_i)^2}{n_i}$ 在 $n \to \infty$ 时的极限分布是 $k-1$ 个自由度的 $\chi^2$ 分布。

其次，若 $F_0(x)$ 中含有 $l$ 个未知参数，则由样本给出这 $l$ 个参数的极大似然估计值后，上式中的 $\chi^2$ 统计量相应的极限分布为 $\chi^2_{(k-l-1)}$。

根据定理，使用 $\chi^2$ 统计量检验 $H_0$，要求 $n$ 足够大，一般要求 $n \geqslant 50$。同时，$n_i$ 也不能过小，一般 $n_i \geqslant 5$，否则可将相应的区间合并。

例 7-9：一颗骰子，连掷 120 次，得结果如下：

| 点数 | 1 | 2 | 3 | 4 | 5 | 6 |
|------|---|---|---|---|---|---|
| 频数 | 21 | 28 | 19 | 24 | 16 | 12 |

据此结果判断该骰子是否是均匀正六面体（$\alpha = 0.05$）。

解：检验骰子是否均匀，相当于检验 $H_0$：$p_i = \dfrac{1}{6}$，$i=1$，2，$\cdots$，6，这里 $n=120$。当 $H_0$ 成立时，$n_i = np_i = 120 \times \dfrac{1}{6} = 20$，$i=1$，2，$\cdots$，6。$m_i$ 的值见上表，而

$$\chi^2 = \frac{1}{20} \times [(20-21)^2 + (28-20)^2 + (19-20)^2 + (24-20)^2 + (16-20)^2 + (12-20)^2]$$
$$= 8.1。$$

查得 $\chi^2_{0.05}(5) = 1.071 > 8.1$，故不否定 $H_0$，即可以认为该骰子是均匀的。

# 第八章　方差与回归分析

## 第一节　单因素方差与双因素方差

### 一、单因素方差分析

一个复杂事物往往受到许多因素的影响和制约，而我们要考虑的是哪些因素的影响是显著的。例如，在农业生产中，农作物的产量受到品种、肥料和农药的种类及数量、耕种方式等因素的影响。又如，在市场营销中，商品的销量受到商品的价格、包装样式、广告宣传形式等因素的影响。解决这类问题通常使用方差分析的方法，方差分析就是通过对试验数据的分析来推断哪些因素具有显著影响效应的统计方法，它的应用十分广泛。

一般地，我们称试验所关心的因素为因子，因子所处的各种状态称为水平。

#### （一）单因素方差分析问题

例 8-1：研究某种农作物的 4 个品种对产量的影响。选取 20 块大小相同、肥沃程度相近的田地，每个品种 5 块田地，采用相同的耕种方式及管理方法，测得产量（单位：kg/25 m²）数据见表 8-1。

表 8-1　四个品种产量的数据表

| 品种 | 产量 | | | | | 总产量 |
|------|------|------|------|------|------|--------|
| $A_1$ | 215 | 220 | 225 | 202 | 218 | 1080 |
| $A_2$ | 237 | 225 | 215 | 205 | 226 | 1108 |
| $A_3$ | 273 | 280 | 265 | 255 | 274 | 1347 |
| $A_4$ | 267 | 242 | 254 | 250 | 258 | 1271 |

问题如下。

（1）该作物4个品种的产量是否有显著的差异。

（2）如果该作物4个品种的产量有显著差异，那么哪个品种的产量最高。

分析：在这个例子中，农作物的品种是因子，记作 $A$；4 个品种就是因子 $A$ 的 4 个水平，记为 $A_1$，$A_2$，$A_3$，$A_4$。我们看到 4 个品种的总产量是不同的，这说明 4 个品种之间在产量上可能存在差异。同时，我们也注意到同一品种的 5 个产量也不尽相同，这说明在相同外界条件下除了品种差异还存在某些随机因素影响着农作物的产量。可以设想每个品种的单位产量应该有一个理论均值，而且实测数据对理论均值的偏差（称为随机误差）应该服从正态分布，即 $X_i$ $N(\mu_i, \sigma^2)$（$i=1,2,3,4$）。由于品种的不同，这 4 个品种的单位产量所对应的理论均值之间也会存在差异，称其为系统误差。进一步我们可以认为 4 个总体的方差是相同的，这是因为我们为了突出主要因素的影响，一般都尽可能将试验的条件做到一致。这样，考察品种差异对产量是否有显著影响就等价于推断 4 个方差相等的正态总体的均值是否相同。因此，我们建立如下假设：

$H_0$：$\mu_1 = \mu_2 = \mu_3 = \mu_4$。

## （二）单因素方差分析的数学模型

设因子 $A$ 有 $S$ 个水平 $A_1$，$A_2$，$\cdots$，$A_s$，在水平 $A_j$ 下进行 $n_j$ 次独立试验，得到结果如表 8-2 所示。

表 8-2　实验结果

| 因素 $A$ 的水平 | 总体 | 样本 | 样本均值 |
|---|---|---|---|
| $A_1$ | $X_1$ | $X_{11}$，$X_{12}$，$\cdots$，$X_{1n_1}$ | $\overline{X}_1$ |
| $A_2$ | $X_2$ | $X_{21}$，$X_{22}$，$\cdots$，$X_{2n_2}$ | $\overline{X}_2$ |
| $\cdots$ | $\cdots$ | $\cdots$ | $\cdots$ |
| $A_s$ | $X_s$ | $X_{s1}$，$X_{s2}$，$\cdots$，$X_{sn_s}$ | $\overline{X}_s$ |

$X_{ij}$ 表示在第 $i$ 个水平 $A_i$ 下的第 $j$ 个试验数据，$j=1,2,\cdots,n_i$，$i=1,2,\cdots,s$。我们假定，各个水平 $A_i(i=1,2,\cdots,s)$ 下的样本 $X_{i1}$，$X_{i2}$，$\cdots$，$X_{in_i}$ 来自正态总体 $X_i$ $N(\mu_i, \sigma^2)$，$\mu_i$ 与 $\sigma^2$ 未知，且在不同水平下的样本之间是相互独立的。$S$ 个总体的方差均相同，称为方差齐性。

由于 $X_{ij}$ $N(\mu_i, \sigma^2)$，所以 $X_{ij}-\mu_i$ $N(0, \sigma^2)$，记 $X_{ij}-\mu_i=\varepsilon_{ij}$，则 $\varepsilon_{ij}$

表示随机误差。因此

$$X_{ij} = \mu_i + \varepsilon_{ij}, \quad j = 1, 2, \cdots, n_i, \quad i = 1, 2, \cdots, s, \quad \varepsilon_{ij} \quad N(0, \sigma^2) \quad 。$$

其中 $\mu_i$ 与 $\sigma^2$ 均为未知参数，各 $\varepsilon_{ij}$ 相互独立。以上公式称为单因素试验方差分析的数学模型。

对于上述模型，我们的任务就是检验：

$H_0$：$\mu_1 = \mu_2 \cdots = \mu_s$。

为了构造检验统计量，引入因素水平效应的概念，记

$$\mu = \frac{1}{n} \sum_{i=1}^{s} n_i \mu_i,$$

其中，$n = \sum_{i=1}^{s} n_i$，$\mu$ 称为总平均；$\alpha_i = \mu_i - \mu$ 称为因子 $A$ 在第 $i$ 个水平 $A_i$ 下的效应，容易验证，这 $S$ 个效应 $\alpha_1$，$\alpha_2$，$\cdots$，$\alpha_s$ 总是满足

$$\sum_{i=1}^{s} n_i \alpha_i = \sum_{i=1}^{s} n_i (\mu_i - \mu) = 0 \quad 。$$

由以上分析，我们将不同总体的平均值比较问题转化为各个水平的效应鉴别问题，即我们将单因子方差分析模型归结为

$$\begin{cases} X_{ij} = \mu + \alpha_i + \varepsilon_{ij}, \quad \varepsilon_{ij} \quad N(0, \sigma^2) , \quad j = 1, \cdots, n_i, \quad i = 1, \cdots, s, \\ \sum_{i=1}^{\alpha} n_i \alpha_i = \sum_{i=1}^{\alpha} n_i (\mu_i - \mu) = 0 。 \end{cases}$$

现在，要比较 $S$ 个均值 $\mu_1$，$\mu_2$，$\cdots$，$\mu_s$ 是否相等，等价于检验假设

$H_0$：$\alpha_1 = \alpha_2 = \cdots = \alpha_s = 0$。

这是因为当且仅当 $\mu_1 = \mu_2 = \cdots = \mu_s = \mu$ 时，有 $\alpha_1 = \alpha_2 = \cdots = \alpha_s = 0$。

我们称

$$\overline{X}i = \frac{1}{n_i} \sum_{j=1}^{n_i} X_{ij} \text{ 与 } \overline{X} = \frac{1}{n} \sum_{i=1}^{s} \sum_{j=1}^{n_i} X_{ij} = \frac{1}{n} \sum_{i=1}^{s} n_i \overline{X}_i$$

分别为组内平均值和总体平均值。

我们引进统计量

$$SS = \sum_{i=1}^{s}\sum_{j=1}^{n_i}\left(X_{ij} - \overline{X}\right)^2 = \sum_{i=1}^{s}\sum_{j=1}^{n_i} x_{ij}^2 - \frac{1}{n}\left(\sum_{i=1}^{s}\sum_{j=1}^{n_i} x_{ij}\right)^2$$

$$SS_A = \sum_{i=1}^{s} n_i\left(X_i - \overline{X}\right)^2 = \sum_{i=1}^{s}\frac{1}{n^2}\left(\sum_{j=1}^{n_i} x_{ij}\right)^2 - \frac{1}{n}\left(\sum_{i=1}^{s}\sum_{j=1}^{n_i} x_{ij}\right)^2$$

$$SS_e = \sum_{i=1}^{s}\sum_{j=1}^{n_i}\left(X_{ij} - \overline{X_i}\right)^2$$

并称 $SS$ 为总偏差平方和，称 $SS_A$ 为因子 $A$ 的偏差平方和（或组间平方和），称 $SS_e$ 为误差平方和（或组内平方和）。从直观上看，$SS$ 反映了全体数据 $X_{ij}$ 之间的离散程度；$SS_A$ 反映了组内平均值 $\overline{X_1}$，$\cdots$，$\overline{X_s}$ 之间的离散程度，它是由因子 $A$ 取不同水平而引起的，其中常数 $n_i$ 表示在水平 $A_i$ 下重复观测了 $n_i$ 次；$SS_e$ 反映了随机误差的作用，可以证明它们三者之间的关系是：

$SS = SS_A + SS_e$。

称为平方和分解公式。

方差分析的基本思想是，将试验数据的误差分解为组间离差平方和与组内离差平方和两部分，通过比较这两部分值的大小来决定因素对试验数据影响的强弱，如果组间离差平方和显著地大于组内离差平方和，则说明试验结果的差异主要来自因素的不同水平，即该因素对试验结果的影响是显著的。否则，该因素的影响就是不显著的。

下面给出单因子方差分析中的一条基本定理。

定理：$\overline{X_1}$，$\overline{X_2}$，$\cdots$，$\overline{X_s}$，$SS_e$ 相互独立，且 $\frac{1}{\sigma^2}SS_e$ $\chi^2(n-s)$；当 $\mu_1 = \mu_2 = \cdots = \mu_s$（或 $\alpha_1 = \cdots = \alpha_s = 0$）时，$\frac{1}{\sigma^2}SS_A$ $\chi^2(s-1)$。

为了检验

$H_0$：$\mu_1 = \mu_2 = \cdots = \mu_s = 0$ 或 $H_0$：$\alpha_1 = \alpha_2 = \cdots = \alpha_s = 0$。

取检验统计量

$$F = \frac{SS_A/(s-1)}{SS_e/(n-s)}。$$

因为 $SS_A$ 是 $\overline{X_1}$，$\overline{X_2}$，$\cdots$，$\overline{X_s}$ 的函数，因此，由定理推得 $SS_A$ 与 $SS_e$ 相互独立，当 $H_0$：$\mu_1 = \mu_2 = \cdots = \mu_s = 0$ 或 $H_0$：$\alpha_1 = \alpha_2 = \cdots = \alpha_s = 0$ 成立时，由定理知 $F$ $F(s-1, n-s)$，当 $H_0$ 成立时，$F$ 的值应该较小，即不同水平下的

$\mu_1$，$\mu_2$，$\cdots$，$\mu_s$ 之间的差异相对试验误差而言可以忽略不计；反之，如果发现 $F$ 的值偏大，自然可以认为 $H_0$ 不成立。于是，在显著性水平 $\alpha$ 下，当

$$F > F_\alpha(s-1,\ n-s)$$

时拒绝 $H_0$，即认为因子在各个水平下的效应有显著差异。

为了减少计算量，可以利用下列公式计算平方和。

$$SS = \sum_{i=1}^{s}\sum_{j=1}^{n_i} x_{ij}^2 - \frac{1}{n}\left(\sum_{i=1}^{s}\sum_{j=1}^{n_i} x_{ij}\right)^2,$$

$$SS_A = \sum_{i=1}^{s}\frac{1}{n_i}\left(\sum_{j=1}^{n_i} x_{ij}\right)^2 - \frac{1}{n}\left(\sum_{i=1}^{s}\sum_{j=1}^{n_i} x_{ij}\right)^2,$$

$$SS_e = SS - SS_A。$$

## 二、双因素方差分析

在一项试验中，如果影响试验结果的因素有两个，就称为双因素试验。这里笔者简要介绍双因素方差分析。

假定要考察两个因子 $A$ 与 $B$ 对某项指标值的影响。因子 $A$ 取 $a$ 种不同的水平 $A_1$，$A_2$，$\cdots$，$A_a$；因子 $B$ 取 $b$ 种不同的水平 $B_1$，$B_2$，$\cdots$，$B_b$。在每一对水平组合 $(A_i,\ B_j)$ 下做了 $m$ 次试验，得数据 $X_{ij1}$，$X_{ij2}$，$\cdots$，$X_{ijm}$，$i=1,\ 2,\ \cdots,\ a$，$j=1,\ 2,\ \cdots,\ b$。记数据的总个数为 $n$，$n=abm$。

设 $(X_{ij1}$，$X_{ij2}$，$\cdots$，$X_{ijm})$ 是取自总体 $N(\mu_{ij},\ \sigma^2)$ 的一个大小为 $m$ 的样本，即

$$X_{ijk} = \mu_{ij} + \varepsilon_{ijk},\ k=1,\ 2,\ \cdots,m,\ i=1,\ 2,\ \cdots,\ a,\ j=1,\ 2,\ \cdots,\ b。$$

其中，$\varepsilon_{111}$，$\cdots$，$\varepsilon_{abm}$ 是 $n$ 个独立同分布的随机变量，且都服从 $N(0,\ \sigma^2)$。这就是双因子方差分析的数学模型。

假定在水平组合 $(A_i,\ B_j)$ 下的效应可以用水平 $A_i$ 下的效应 $\alpha_i$ 与水平 $B_j$ 下的效应 $B_j$ 的和来表示，即

$$\mu_{ij} = \mu + \alpha_i + \beta_j,$$
其中

$$\mu = \frac{1}{n}\sum_{i=1}^{a}\sum_{j=1}^{b}\sum_{k=1}^{m}\mu_{ij} = \frac{1}{ab}\sum_{i=1}^{a}\sum_{j=1}^{b}\mu_{ij},$$

$$\sum_{i=1}^{a}\alpha_i = \sum_{j=1}^{b}\beta_j = 0 \text{。}$$

于是

$$X_{ijk} = \mu + \alpha_i + \beta_j + \varepsilon_{ijk}, \quad k=1,\ 2,\ \cdots,\ m;\ i=1,\ 2,\ \cdots,\ a;\ j=1,\ 2,\ \cdots,\ b \text{。}$$

为了考察因子 $A$ 对指标值的影响是否显著，需要检验

$H_{0A}$: $\alpha_1 = \alpha_2 = \cdots = \alpha_a = 0$;

为了考察因子 $B$ 对指标值的影响是否显著，需要检验

$H_{0B}$: $\beta_1 = \beta_2 = \cdots = \beta_b = 0$ 。

记第 $(i,\ j)$ 个样本均值为

$$\overline{X}_{ij} = \frac{1}{m}\sum_{k=1}^{m}X_{ijk},\ i=1,\ 2,\ \cdots,\ a,\ j=1,\ 2,\ \cdots,\ b;$$

记水平 $A_i$ 下 $bm$ 个样本均值为

$$\overline{X}_i = \frac{1}{bm}\sum_{j=1}^{b}\sum_{k=1}^{m}X_{ijk},\ i=1,\ 2,\ \cdots,\ a;$$

记水平 $B_j$ 下 $am$ 个样本均值为

$$\overline{X}_j = \frac{1}{am}\sum_{i=1}^{a}\sum_{k=1}^{b}X_{ijk},\ j=1,\ 2,\ \cdots,\ b;$$

记全体样本的总均值为

$$\overline{X} = \frac{1}{n}\sum_{i=1}^{a}\sum_{j=1}^{b}\sum_{k=1}^{m}X_{ijk} \text{。}$$

引进统计量

$$SS = \sum_{i=1}^{a}\sum_{j=1}^{b}\sum_{k=1}^{m}\left(X_{ijk}-\overline{X}\right)^2,$$

$$SS_A = bm\sum_{i=1}^{a}\left(\overline{X}_i - \overline{X}\right)^2,$$

$$SS_e = \sum_{i=1}^{a}\sum_{j=1}^{b}\sum_{k=1}^{m}\left(X_{ijk}-\overline{X}_i - \overline{X}_j + \overline{X}\right)^2 \text{。}$$

可以证明下列平方和分解公式成立：

$$SS = SS_A + SS_B + SS_e。$$

下面给出双因子方差分析中的一条基本定理。

定理：$S_A$、$S_B$ 和 $S_e$ 相互独立，且 $\frac{1}{\sigma^2}SS_e$ $\chi^2(n-a-b+1)$；当 $\alpha_1 = \alpha_2 = \cdots = \alpha_a = 0$ 时，$\frac{1}{\sigma^2}SS_A$ $\chi^2(a-1)$；当 $\beta_1 = \beta_2 = \cdots = \beta_b = 0$ 时，$\frac{1}{\sigma^2}SS_B$ $\chi^2(b-1)$。

由定理推得，在显著性水平 $\alpha$ 下，当

$$F_A = \frac{n-a-b+1}{a-1}\frac{SS_A}{SS_e} > F_{1-\alpha}(a-1,\ n-A-B+1)$$

时，拒绝 $H_{0A}$；当

$$F_A = \frac{n-a-b+1}{b-1}\frac{SS_B}{SS_e} > F_{1-\alpha}(b-1,\ n-a-b+1)$$

时，拒绝 $H_{0B}$。

# 第二节　一元线性回归与多元线性回归

## 一、一元线性回归分析

### （一）回归分析问题

在现实世界中，普遍存在着变量之间的关系。一般来说，变量之间的关系大致可分为两类，一类是确定性的，即变量之间的关系可以用函数的关系来表达。例如，以速度 $v$ 做匀速直线运动的物体所经过的路程 $s$ 依赖于它运动的时间 $t$，即存在关系 $s = vt$。又如，电路中的电压 $V$、电流强度 $I$、电阻 $R$ 三者之间的关系为 $V = IR$。另一类是非确定性的关系，如人的年龄和血压之间存在一定的关系，一般来说，年龄越大，血压越高。但是年龄相同的人血压并不完全一样，人的身高与体重之间也存在着关系，同样高度人的体重也不完全相同。也就是说当年龄或身高确定时，人们的血压或体重并不能随之确定，它们之间存在着这种不确定性的关系称为相关关系。相关关系是多种多样的，回归分析就是研究相关关系的数理统计方法，它从统计数据出发，提供建立变量之间相关关系

107

的近似数学表达式——经验公式的方法，给出相关性检验规则，并运用经验公式达到预测与控制的目的。

## （二）一元线性回归模型

设随机变量 $Y$ 与 $x$ 之间存在着某种相关关系，这里 $x$ 是可以控制或可以精确测定的普通变量。对于 $x$ 取定的一组不完全相同的值 $x_1$，$x_2$，$\cdots$，$x_n$，做独立试验得到 $n$ 对观察值 $(x_1, y_1)$，$(x_2, y_2)$，$\cdots$，$(x_n, y_n)$。

我们的问题是，如何根据得到的观察值，获得 $Y$ 与 $x$ 之间的相关关系的经验公式。下面我们通过一个实例来说明建立一元回归分析的数学模型的一般过程和方法。

例 8-2：某广告公司为了研究某一类电子产品广告投入与其销售额之间的关系，对多个厂家进行了调查，获得的数据如表 8-3 所示。

表 8-3　广告投入与销售额资料

单位：万元

| 厂家 | 1 | 2 | 3 | 4 | 5 | 6 | 7 |
|---|---|---|---|---|---|---|---|
| 广告费 | 20 | 25 | 30 | 35 | 40 | 45 | 50 |
| 销售额 | 450 | 475 | 500 | 548 | 588 | 612 | 640 |

显然，这里表示产品广告投入的变量 $x$ 是可控制或精确测量的普通变量。而表示产品销售额的变量 $Y$ 是受到产品广告投入变量 $x$ 的影响且服从某个分布的随机变量。

将获得的 $n$ 个数据点标在平面直角坐标系中，得到试验数据点的散点图（图8-1）。通过观察散点图可以发现，所描各点大致分布在一条向右上方延伸的直线 $L$ 附近，这反映出自变量 $x$ 与随机变量 $Y$ 之间可能存在着线性相关关系。而所有点又不全在直线 $L$ 上，这就说明必有一些其他随机因素影响着变量 $Y$。在通常情况下，我们将 $Y$ 视为由两部分因素影响的叠加。即一部分是 $x$ 的线性函数 $a = bx$，另一部分是由随机因素引起的误差 $\varepsilon$，于是把 $x_i$ 与 $y_i$ 之间的关系表示为

$$y_i = a + bx_i + \varepsilon_i, \quad i = 1, 2, \cdots, 7。$$

其中 $\varepsilon_i$ 表示第 $i$（$i = 1, 2, \cdots, 7$）个观测值的误差，它反映了变量 $x$ 与随机变量 $Y$ 之间的不确定性关系。

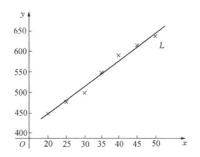

图 8-1　试验数据点散点图

一般地，假定 $x$ 与 $Y$ 之间存在的相关关系可以表示为

$$Y = a + bx + \varepsilon。$$

其中 $\varepsilon$ 为随机误差且 $\varepsilon \sim N(0, \ \sigma^2)$，$\sigma^2$ 未知，$a$ 与 $b$ 为未知参数。这个数学模型称为一元线性回归模型，称 $y = a + bx$ 为回归方程（或回归函数）。它所代表的直线称为回归直线，称 $a$，$b$ 为回归系数。

对于一元线性回归模型，显然有 $Y \sim N(a + bx, \ \sigma^2)$。

回归方程 $y = a + bx$ 反映了变量 $x$ 与随机变量 $Y$ 之间的相关关系。回归分析就是要根据样本观测值 $(x_i, \ y_i)$（$i = 1, 2, \cdots, n$）找到 $a$ 与 $b$ 的适当估计值 $\hat{a}$ 与 $\hat{b}$，建立直线回归方程 $\hat{y} = \hat{a} + \hat{b}x$，从而利用这个公式（也称为经验公式），来近似刻画变量 $x$ 与随机变量 $Y$ 之间的相关关系。

### （三）参数 $a$ 与 $b$ 的估计

如何根据观测数据 $(x_1, \ y_1)$，$(x_2, \ y_2)$，$\cdots$，$(x_n, \ y_n)$ 得到回归方程 $y = a + bx$。一个直观的做法就是，选取适当的 $a$ 与 $b$，使得直线 $y = a + bx$ 上的点与试验数据中对应点之间的误差尽可能小。若记 $(x_i, \ \hat{y}_i)$ 为直线 $y = a + bx$ 上的点，$(x_i, \ y_i)$ 为试验数据点，则表达式

$$[y_i - \hat{y}_i]^2 = [y_i - (a + bx_i)]^2, \ i = 1, 2, \cdots, n$$

就刻画了直线 $y = a + bx$ 上点 $(x_i, \ \hat{y}_i)$ 与试验数据点 $(x_i, \ y_i)$ 之间的偏离程度，通常我们记

$$Q(a, \ b) = \sum_{i=1}^{n} (y_i - a - bx_i)^2。$$

这样 $Q(a, b)$ 就表示直线上相应点与全体数据点之间总的偏离程度。总的偏离程度越小，回归方程 $y = a + bx$ 就越能客观地反映出变量 $x$ 与 $Y$ 之间的线性相关关系。所以，在数理统计中，将能够使 $Q(a, b)$ 取得最小值的 $a$ 与 $b$ 所确定的方程 $y = a + bx$ 视为变量 $x$ 与 $Y$ 之间的线性回归方程。而且把利用这种思想计算出来的估计值 $\hat{a}$ 与 $\hat{b}$ 称为参数 $a$ 与 $b$ 的最小二乘估计，这种方法称为最小二乘法。

下面利用微积分的知识来确定 $Q(a, b)$ 取得最小值的条件。

将表达式 $Q(a, b) = \sum_{i=1}^{n}(y_i - a - bx_i)^2$ 分别对未知参数 $a$ 与 $b$ 求偏导数，并令其为零，即得

$$
\begin{cases}
\dfrac{\partial Q}{\partial a} = -2\sum_{i=1}^{n}(y_i - a - bxi) = 0, \\
\dfrac{\partial Q}{\partial b} = -2\sum_{i=1}^{n}(y_i - a - bx_i)x_i = 0。
\end{cases}
$$

整理得

$$
\begin{cases}
na + \left(\sum_{i=1}^{n} x_i\right)b = \sum_{i=1}^{n} y_i, \\
\left(\sum_{i=1}^{n} x_i\right)a + \left(\sum_{i=1}^{n} x_i^2\right)b = \sum_{i=1}^{n} x_i y_i。
\end{cases}
$$

称为正规方程组。由于 $x_i$ 不完全相同，所以正规方程组的系数行列式

$$
\begin{vmatrix} n & n\bar{x} \\ n\bar{x} & \sum_{i=1}^{n} x_i^2 \end{vmatrix} = n\left(\sum_{i=1}^{n} x_i^2 - n\bar{x}^2\right) = n\sum_{i=1}^{n}\left(x_i - \bar{x}\right)^2
$$

不为零，因此，我们得到正规方程组的唯一解为

$$
\begin{cases}
\hat{b} = \dfrac{\displaystyle\sum_{i=1}^{n}(x_i - \bar{x})\ (y_i - \bar{y})}{\displaystyle\sum_{i=1}^{n}(x_i - \bar{x})^2} = \dfrac{\displaystyle\sum_{i=1}^{n} x_i y_i - \dfrac{1}{n}\left(\sum_{i=1}^{n} x_i\right)\left(\sum_{i=1}^{n} y_i\right)}{\displaystyle\sum_{i=1}^{n} x_i^2 - \dfrac{1}{n}\left(\sum_{i=1}^{n} x_i\right)}, \\
\hat{a} = \hat{y} - \hat{b}\bar{x}。
\end{cases}
$$

因此我们得到了 $x$ 与 $y$ 之间的线性回归方程

$$
\hat{y} = \hat{a} + \hat{b}x。
$$

或

$$\hat{y} = \overline{y} + \hat{b}\left(x - \overline{x}\right)。$$

这个线性回归方程表明，经验回归直线 $L$ 是通过这 $n$ 个数据点几何重心 $\left(\overline{x}, \overline{y}\right)$ 且斜率为 $\hat{b}$ 的直线。

为了计算方便，我们引入如下记号：

$$L_{xx} = \sum_{i=1}^{n}\left(x_i - \overline{x}\right)^2 = \sum_{i=1}^{n}x_i^2 - n\overline{x}^2 = \sum_{i=1}^{n}x_i^2 - \frac{1}{n}\left(\sum_{i=1}^{n}x_i\right)^2,$$

$$L_{yy} = \sum_{i=1}^{n}\left(y_i - \overline{y}\right)^2 = \sum_{i=1}^{n}y_i^2 - n\overline{y}^2 = \sum_{i=1}^{2}y_i^2 - \frac{1}{n}\left(\sum_{i=1}^{n}y_i\right)^2,$$

$$L_{xy} = \sum_{i=1}^{n}\left(x_i - \overline{x}\right)\left(y_i - \overline{y}\right) = \sum_{i=1}^{n}x_iy_i - n\overline{x}\,\overline{y} = \sum_{i=1}^{n}x_iy_i - \frac{1}{n}\left(\sum_{i=1}^{n}x_i\right)\left(\sum_{i=1}^{n}y_i\right)。$$

这样公式就可以写成

$$\begin{cases} \hat{b} = \dfrac{L_{xy}}{L_{xx}}, \\[2mm] \hat{a} = \overline{y} - \hat{b}\overline{x}。 \end{cases}$$

例 8-3：求例 8-2 中 $x$ 与 $y$ 的线性回归方程。

解：先计算 $x_i^2$，$y_i^2$，$x_i$，$y_i$，$\sum x_i$，$\sum y_i$，$\sum x_iy_i$，

可以得到

$$\overline{x} = \frac{1}{n}\sum_{i=1}^{n}x_i = \frac{1}{7} \times 245 = 35,$$

$$\overline{y} = \frac{1}{n}\sum_{i=1}^{n}y_i = \frac{1}{7} \times 3813 = 544.7143,$$

$$L_{xy} = \sum_{i=1}^{n}x_i^2 - \frac{1}{n}\left(\sum_{i=1}^{n}x_i\right)^2 = 9275 - \frac{1}{7} \times 245^2 = 700,$$

$$L_{xy} = \sum_{i=1}^{n}x_iy_i - \frac{1}{n}\left(\sum_{i=1}^{n}x_i\right)\left(\sum_{i=1}^{n}y_i\right) = 138115 - \frac{1}{7} \times 245 \times 3813 = 4660。$$

可得 $a$ 与 $b$ 的估计值分别为

$$\hat{b} = \frac{L_{xy}}{L_{xx}} = \frac{4660}{700} = 6.6571,$$

$$\hat{a} = \overline{y} - \hat{b}\overline{x} = 544.7143 - 6.6571 \times 35 = 311.7158。$$

因此得到回归方程为

$\hat{y} = 311.7158 + 6.6571x,$

或者写成

$\hat{y} = 544.7143 + 6.6571(x-35)$ 。

在模型成立的条件下，我们可以证明 $\hat{a}$ 与 $\hat{b}$ 分别是 $a$ 与 $b$ 的无偏估计，且

$$\hat{a} \quad N\left(a, \frac{\sigma^2 \sum x_i^2}{n \sum \left(x_i - \bar{x}\right)^2}\right), \quad \hat{b} \quad N\left(b, \frac{\sigma^2}{n \sum \left(x_i - \bar{x}\right)^2}\right)。$$

下面来求 $\sigma^2$ 的估计。

由于 $\sigma^2 = D(\varepsilon) = E(\varepsilon^2)$ ，由矩估计法，可以用 $\frac{1}{n}\sum_{i=1}^{n}\varepsilon_i^2$ 来估计 $E(\varepsilon^2)$ ，其

中 $\varepsilon_i = y_i - a - bx_i$ ，$a$ 与 $b$ 分别由 $\hat{a}$ 与 $\hat{b}$ 替换，故 $\sigma^2$ 可用

$$\sigma_n^2 = \frac{1}{n}\sum_{i=1}^{n}(y_i - a - bx_i)^2$$

来估计。经计算求得

$$E(\hat{\sigma}_n^2) = \frac{n-2}{n}\sigma^2 。$$

这说明 $\hat{\sigma}_n^2$ 不是 $\sigma^2$ 的无偏估计，为了得到 $\sigma^2$ 的无偏估计，通常取

$$\hat{\sigma}^2 = \frac{1}{n-2}\sum_{i=1}^{n}(y_i - a - bx_i)^2,$$

或者

$$\hat{\sigma}^2 = \frac{L_{yy} - \hat{b}L_{xy}}{n-2} 。$$

但当 $n$ 比较大时，也可以用 $\hat{\sigma}_n^2$ 来近似估计 $\sigma^2$ 的值。

例 8-4：求例 8-3 中 $\sigma^2$ 的无偏估计值。

解：在例 8-3 中已求得 $L_{xy} = 4660$ 和 $\hat{b} = 6.6571$ ，且

$$L_{yy} = \sum_{i=1}^{n}y_i^2 - \frac{1}{n}\left(\sum_{i=1}^{n}y_i\right)^2 = 2108317 - \frac{1}{7}\times 3813^2 = 31321.4286,$$

$$L_{yy} - \hat{b}L_{xy} = 31321.4286 - 6.6571\times 4660 = 299.3426,$$

所以，$\sigma^2$ 的无偏估计值为

$$\hat{\sigma}^2 = \frac{L_{yy} - \hat{b}L_{xy}}{n-2} = \frac{299.3426}{7-2} = 59.8685。$$

### （四）回归系数的显著性检验

在上述讨论中，运用最小二乘法求回归方程的条件除了要求诸 $x_i$ 不完全相同外，没有其他条件。也就是说无论变量 $x$ 与 $Y$ 是否具有线性关系，只要诸 $x_i$ 不完全相同，使用最小二乘法总能求出 $a$ 与 $b$ 的一个无偏估计 $\hat{a}$ 与 $\hat{b}$，并能得到变量 $x$ 与 $Y$ 的一个线性回归方程 $\hat{y} = \hat{a} + \hat{b}x$。若变量 $x$ 与 $Y$ 之间根本不存在线性关系，那么这个线性回归方程就没有任何意义。因此，实际问题中，我们必须对用最小二乘法求出的线性回归方程进行检验，以判断变量 $x$ 与 $Y$ 之间的相关关系是否真的可由所得到的线性回归方程给出。

如果变量 $x$ 与 $Y$ 之间存在线性相关关系，那么模型 $Y = a + bx + \varepsilon$ 中的 $b$ 不应为零。否则，就有 $Y = a + \varepsilon$，这意味着 $x$ 与 $Y$ 没有任何关系。因此，需要对假设

$H_0$：$b = 0$，$H_1$：$b \neq 0$。

进行检验。当拒绝 $H_0$ 时，认为变量 $x$ 与随机变量 $Y$ 之间有显著的线性相关关系，也称为回归效果显著。否则，称为回归效果不显著。这时变量 $x$ 和随机变量 $Y$ 之间的关系有多种可能：或许二者之间的关系不是线性的，或许除变量 $x$ 外还有其他不可忽略的因素对 $Y$ 产生影响，甚至是它们的相关关系很弱，不是必须重视的。

为了给出显著性检验 $H_0$ 的拒绝域，先做一些准备工作，记

$$SS = \sum_{i=1}^{n}(y_i - \overline{y})^2，$$

称 $SS$ 为总偏差平方和，它反映了数据中因变量取值 $y_1$，$y_2$，…，$y_n$ 的离散程度。记

$$SS_R = \sum_{i=1}^{n}\left(\hat{y} - \overline{y}\right)^2，$$

称 $SS_R$ 为回归平方和，它反映了 $n$ 个回归数值 $\hat{y}_1$，$\hat{y}_2$，…，$\hat{y}_n$ 相对于 $\overline{y}$ 的离散程度，这是由于 $x$ 取不同的值 $x_1$，$x_2$，…，$x_n$ 而引起的。将 $\hat{y}_i = \overline{y} + \hat{b}\left(x_i - \overline{x}\right)$ 代入上述回归平方和表达式中，有

$$SS_R = \sum_{i=1}^{n}\left[\hat{b}\left(x_i-\overline{x}\right)\right]^2 = \hat{b}^2\sum_{i=1}^{n}\left(x_i-\overline{x}\right)^2 = \frac{\left[\sum_{i=1}^{n}\left(x_i-\overline{x}\right)\left(y_i-\overline{y}\right)\right]^2}{\sum_{i=1}^{n}\left(x_i-\overline{x}\right)^2}。$$

记

$$SS_E = \sum_{i=1}^{n}\left(y_i-\hat{y}_i\right)^2,$$

其中 $y_i-\hat{y}_i$ 称为第 $i$ 个残差，$i=1$，2，$\cdots$，$n$。$SS_E$ 称为残差平方和，它反映了 $n$ 次试验的累计误差。由回归方程的意义可知，它是 $n$ 次试验的累积误差的最小值，即

$$SS_E = \sum_{i=1}^{n}\left(y_i-\hat{y}_i\right)^2 = \sum_{i=1}^{n}\left[y_i-\left(\hat{a}+\hat{b}x_i\right)\right]^2 = Q\left(\hat{a},\ \hat{b}\right)。$$

下面推导残差平方和的计算公式，由

$$y_i-\hat{y}_i = \hat{y}_i-\left[\overline{y}+\hat{b}\left(x_i-\overline{x}\right)\right] = \left(y_i-\overline{y}\right)-\hat{b}\left(x_i-\overline{x}\right)$$

推得

$$SS_E = \sum_{i=1}^{n}\left(y_i-\hat{y}_i\right)^2 = \sum_{i=1}^{n}\left[\left(y_i-\overline{y}\right)-\hat{b}\left(x_i-\overline{x}\right)\right]^2$$

$$= \sum_{i=1}^{n}\left(y_i-\overline{y}\right)^2 + \hat{b}^2\sum_{i=1}^{n}\left(x_i-\overline{x}\right)^2 - 2\hat{b}\sum_{i=1}^{n}\left(y_i-\overline{y}\right)\left(x_i-\overline{x}\right)$$

$$= \sum_{i=1}^{n}\left(y_i-\overline{y}\right)^2 - \hat{b}^2\sum_{i=1}^{n}\left(x_i-\overline{x}\right)^2。$$

这样我们就得到平方和的分解公式

$$SS = SS_R + SS_E。$$

下面我们不加证明地给出回归分析中的一个定理。

定理：$\left(\hat{a},\ \hat{b}\right)$ 与 $SS_E$ 相互独立，且 $\frac{1}{\sigma^2}SS_E$ $\chi^2(n-2)$，当 $b=0$ 时，

$\frac{1}{\sigma^2}SS_R$ $\chi^2(1)$。

对回归系数的显著性检验一般有以下 3 种方法。

第一种为 $t$ 检验法：取检验统计量

$$T = \frac{\hat{b}}{\sigma}\sqrt{\sum_{i=1}^{n}\left(x_i-\overline{x}\right)^2}。$$

可以证明，当 $H_0$：$b=0$ 成立时，$T$  $t(n-2)$ 。于是，在显著性水平 $\alpha$ 下，当

$$|t| = \frac{|\hat{b}|}{\hat{\sigma}} \sqrt{\sum_{i=1}^{n} \left(x_i - \bar{x}\right)^2} > t_{\frac{\alpha}{2}}(n-2)$$

时，拒绝 $H_0$，认为回归效果显著。

第二种为 $F$ 检验法：取检验统计量

$$F = (n-2)\frac{SS_R}{SS_E} \circ$$

可以证明，当 $H_0$：$b=0$ 成立时，$F$  $F(1,\ n-2)$ 。于是，在显著性水平 $\alpha$ 下，当

$$f = (n-2)\frac{SS_R}{SS_E} > F\alpha(1,\ n-2)$$

时，就拒绝 $H_0$。由于 $T^2 = F$，所以 $F$ 检验法与 $T$ 检验法本质上是一致的。

第三种为相关系数检验法：当 $H_0$：$b=0$ 成立时，取检验统计量

$$R = \frac{\sum_{i=1}^{n} \left(x_i - \bar{x}\right)\left(Y_i - \bar{Y}\right)}{\sqrt{\sum_{i=1}^{n} \left(x_i - \bar{x}\right)^2} \sqrt{\sum_{i=1}^{n} \left(Y_i - \bar{Y}\right)^2}} \circ$$

称 $R$ 为相关系数。$R$ 的取值 $r$ 反映了自变量 $x$ 与 $Y$ 之间的相关关系。于是，在显著性水平 $\alpha$ 下，当

$$|r| > c$$

时，拒绝 $H_0$。

### （五）预测与控制

回归方程的重要的应用就是预测和控制问题。所谓预测问题，就是对给定的点 $x=x_0$，预测出 $y$ 的取值范围。控制问题则是预测问题的反问题，就是欲将 $y$ 限制在某个范围内，应如何控制 $x$ 的取值。

1. 预测问题

设自变量 $x_0$ 与因变量 $y_0$ 服从模型

$$\begin{cases} y_0 = a + bx_0 + \varepsilon_0; \\ \varepsilon_0 \quad N(0, \ \sigma^2) \ . \end{cases}$$

且 $y_0$ 与样本 $y_1$, $y_2$, $\cdots$, $y_n$ 相互独立。

计算 $x = x_0$ 时的回归值

$$\hat{y}_0 = \hat{a} + \hat{b}x_0 \ .$$

将 $\hat{y}_0$ 作为 $y_0$ 的预测值，但这样求出的预测值一般来说是有误差的。产生误差的原因，一是由于 $\hat{y}_0$ 只是平均值 $E(y_0)$ 的一个估计，而 $y_0$ 的实际值很可能偏离它的平均值；二是因为 $\hat{y}_0$ 的取值是依赖于估计值 $\hat{a}$ 与 $\hat{b}$ 的，而 $\hat{a}$ 与 $\hat{b}$ 是有随机抽样误差的。因此我们还需要求出 $y_0$ 的预测区间即置信区间。

先来看下面的定理。

定理：假定 $\varepsilon_1$, $\varepsilon_2$, $\cdots$, $\varepsilon_n$ 相互独立，那么 $\hat{y}_0 - y_0 \quad N(0, d^2\sigma^2)$，其中

$$d = \sqrt{1 + \frac{1}{n} + \frac{\left(x_0 - \bar{x}\right)^2}{\sum \left(x_i - \bar{x}\right)^2}} \ .$$

证：由于

$$\hat{y}_0 - y_0 = \bar{y} + \left(x_0 - \bar{x}\right) \frac{\sum_{i=1}^{n} \left(x_i - \bar{x}\right) y_i}{\sum_{i=1}^{n} \left(x_i - \bar{x}\right)^2} - y_0$$

$$= \sum_{i=1}^{n} \frac{y_i}{n} + \frac{x_0 - \bar{x}}{\sum_{i=1}^{n} \left(x_i - \bar{x}\right)^2} \sum_{i=1}^{n} \left(x_i - \bar{x}\right) y_i - y_0$$

$$= \sum_{i=1}^{n} \left[ \frac{1}{n} + \frac{\left(x_0 - \bar{x}\right)\left(x_i - \bar{x}\right)}{\sum_{i=1}^{n} \left(x_i - \bar{x}\right)^2} \right] y_i - y_0,$$

因此，$\hat{y}_0 - y_0$ 是独立正态随机变量 $y_0$, $y_1$, $y_2$, $\cdots$, $y_n$ 的线性函数，故 $\hat{y}_0 - y_0$ 服从正态分布。

又由于 $E(y_0) = a + bx_0$，推得

$$E\left(\hat{y}_0 - y_0\right) = E\left(\hat{y}_0\right) - E\left(y_0\right) = E\left(\hat{a} + \hat{b}x_0\right) - \left(a + bx_0\right) = 0 \ ,$$

$$D(\hat{y}_0,\ y_0) = D(\hat{y}_0) + D(y_0)$$

$$= D\left(\sum_{i=1}^{n}\left[\frac{1}{n} + \frac{(x_0 - \bar{x})(x_i - \bar{x})}{\sum_{i=1}^{n}(x_i - \bar{x})^2}\right]y_i\right) + \sigma^2$$

$$= \sum_{i=1}^{n}\left(\frac{1}{n} + \frac{(x_0 - \bar{x})(x_i - \bar{x})}{\sum_{i=1}^{n}(x_i - \bar{x})^2}\right)\sigma^2 + \sigma^2$$

$$= \sigma^2\left(1 + \frac{1}{n} + \frac{(x_0 - \bar{x})^2}{\sum_{i=1}^{n}(x_i - \bar{x})^2}\right) = \sigma^2 d^2,$$

由此可知

$$\hat{y}_0 - y_0 \quad N(0,\ d^2,\ \sigma^2)\ 。$$

或

$$\frac{\hat{y}_0 - y_0}{d\sigma} \quad N(0,\ 1)\ 。$$

推得随机变量

$$T = \frac{\hat{y}_0 - y_0}{d\hat{\sigma}} = \frac{\dfrac{\hat{y}_0 - y_0}{d\hat{\sigma}}}{\sqrt{\dfrac{1}{\sigma^2}SS_E / (n-2)}} \quad t(n-2)\ 。$$

于是，对于给定的置信水平 $\alpha$ 使得

$$P\left(|T| < t_{\alpha/2}(n-2)\right) = P\left(\frac{|\hat{y}_0 - y_0|}{d\sigma} \leqslant t_{\alpha/2}(n-2)\right) = 1 - \alpha 。$$

由此解出 $y_0$ 双侧 $1-\alpha$ 预测区间的上下限为

$$\hat{y}_0 \pm t_{\alpha/2}(n-2)\ d\hat{\sigma} 。$$

或

$$\left(\hat{a} + \hat{b}x_0\right) \pm t_{\alpha/2}(n-2)\ \sigma\sqrt{1 + \frac{1}{n} + \frac{(x_0 - \bar{x})^2}{\sum_{i=1}^{n}(x_i - \bar{x})^2}}\ 。$$

双侧预测 $1-\alpha$ 区间的长度为

$$2t_{\alpha/2}(n-2)\ \hat{\sigma}\sqrt{1+\frac{1}{n}+\frac{\left(x_0-\bar{x}\right)^2}{\sum\limits_{i=1}^{n}\left(x_i-\bar{x}\right)^2}}$$

2. 控制问题

在实际问题中，我们还会遇到控制问题。即若要求观察值 $y$ 在某个区间 $(y_1,\ y_2)$ 内取值，问应控制 $x$ 在什么范围。也就是要求对于给定的置信度 $1-\alpha$，求出相应的 $x_1$ 和 $x_2$，使得当 $x_1<x<x_2$ 时，所对应的观察值落在 $(y_1,\ y_2)$ 内。

我们只讨论在 $n$ 很大的情形，这时 $t_{\alpha/2}(n-2)\approx\mu_{\alpha/2}$，

$$\begin{cases}y_1=\hat{a}+\hat{b}x_1-\mu_{\alpha/2\hat{\sigma}},\\y_2=\hat{a}+\hat{b}x_2-\mu_{\alpha/2\hat{\sigma}}.\end{cases}$$

当 $y_1$ 与 $y_2$ 的值确定后，根据上面的公式就可以求出相应的 $x_1$ 和 $x_2$ 的值，作为 $x$ 控制的端点值。

需要注意的是，为了有效控制 $x$ 的范围区间，$(y_1,\ y_2)$ 的长度必须大于 $y_2-y_1=2\hat{\sigma}\mu_{\alpha/2}$，即

$$y_2-y_1>2\hat{\sigma}\mu_{\alpha/2}.$$

## 二、多元线性回归分析

在实际问题中，一般影响因变量的因素常常不止一个，这就是因变量与多个自变量相关关系问题，要用多元回归的方法来解决。

### （一）多元线性回归的数学模型

假定要考察 $p$ 个自变量 $x_1,\ x_2,\ \cdots,\ x_p$ 与变量 $Y$ 之间的相关关系，则称

$$\begin{cases}Y=\beta_0+\beta_1x_1+\beta_2x_2+\cdots+\beta_px_p+\varepsilon,\\\varepsilon\quad N(0,\ \sigma^2)\end{cases}$$

为 $P$ 元线性回归模型，称

$$E(Y)=\beta_0+\beta_1x_1+\cdots+\beta_px_p$$

为回归函数，$\beta_0,\ \beta_1,\ \cdots,\ \beta_p$ 为回归系数。

假定对这一组变量 $(x_1,\ x_2,\ \cdots,\ x_p;\ Y)$ 做了 $n$ 次观测，得到样本观测值 $(x_{i1},\ x_{i2},\ \cdots,\ x_{ip};\ y_i)$，$i=1,\ 2,\ \cdots,\ n$。

为了求 $\beta_0$, $\beta_1$, $\cdots$, $\beta_p$ 的最小二乘估计, 即使得

$$Q(\beta_0,\ \beta_1,\ \cdots,\ \beta_p) = \sum_{i=1}^{n}\left[ y_i - (\beta_0 + \beta_1 x_{i1} + \cdots + \beta_p x_{ip}) \right]^2$$

达到最小。由

$$\frac{\partial Q}{\partial \beta_j} = 0(j = 0,\ 1,\ \cdots,\ p)$$

得正则方程组

$$\begin{cases} n\beta_0 + \left(\displaystyle\sum_{i=1}^{n} x_{i1}\right)\beta_1 + \cdots + \left(\displaystyle\sum_{i=1}^{n}\beta_p\right) = \displaystyle\sum_{i=1}^{n} y_i, \\ \left(\displaystyle\sum_{i=1}^{n} x_{ij}\right)\beta_0 + \left(\displaystyle\sum_{i=1}^{n} x_{ij}x_{i1}\right)\beta_1 + \cdots + \left(\displaystyle\sum_{i=1}^{n} x_{ij}x_{ip}\right)\beta_p = \displaystyle\sum_{i=1}^{n} x_{ij}y_i,\ j = 1,\ 2,\ \cdots,\ p_\circ \end{cases}$$

这是一个 $p+1$ 元线性方程组, 它可以表示成

$$(X^{\mathrm{T}}X)\ \beta = X^{\mathrm{T}}y,$$

其中, $X^{\mathrm{T}}$ 表示矩阵 $X$ 的转置,

$$X = \begin{bmatrix} 1 & x_{11} & \cdots & x_{1p} \\ 1 & x_{21} & \cdots & x_{2p} \\ & & & \\ 1 & x_{n1} & \cdots & x_{np} \end{bmatrix},\ \beta = \begin{bmatrix} \beta_0 \\ \beta_1 \\ \\ \beta_p \end{bmatrix},\ y = \begin{bmatrix} y_1 \\ y_2 \\ \\ y_n \end{bmatrix}_\circ$$

由正则方程解得 $\beta_0$, $\beta_1$, $\cdots$, $\beta_p$ 的最小二乘估计值为

$$\left(\hat{\beta}_0,\ \hat{\beta}_1,\ \cdots,\ \hat{\beta}_p\right)^{\mathrm{T}} = \left(X^{T}X\right)^{-1}X^{\mathrm{T}}y,$$

从而得到经验回归函数为

$$y = \hat{\beta}_0 + \hat{\beta}_1 x_1 + \cdots + \hat{\beta}_p x_p,$$

通常取 $\sigma^2$ 的估计值为

$$\hat{\sigma}_n^2 = \frac{1}{n}\sum_{i=1}^{n}\left[ y_i - \left(\hat{\beta}_0 + \hat{\beta}_1 x_{i1} + \cdots + \hat{\beta}_p x_{ip}\right) \right]^2,$$

当 $n$ 较小时, 通常取 $\sigma^2$ 的无偏估计为

$$\hat{\sigma}^2 = \frac{1}{n-p-1}\sum_{i=1}^{n}\left[ y_i - \left(\hat{\beta}_0 + \hat{\beta}_1 x_{i1} + \cdots + \hat{\beta}_p x_{ip}\right) \right]^2_\circ$$

### （二）多元线性回归模型的假设检验

与一元线性回归一样，$Y$ 与自变量 $x_1$，$x_2$，$\cdots$，$x_p$ 之间是否存在线性关系也需要进行检验。即要检验假设

$$H_0: \quad \beta_1 = \beta_2 = \cdots = \beta_p = 0 \, 。$$

在 $H_0$ 成立时，检验所使用的统计量为

$$F = \frac{S_R / p}{S_Q / (n - p - 1)} \, 。$$

其中

$$L_{yy} = \sum \left( y_i - \overline{y} \right)^2 \text{，称其为总离差平方和，}$$

$$S_Q = \sum \left( y_i - \hat{y}_i \right)^2 \text{，称其为剩余平方和，}$$

$$S_R = \sum \left( \hat{y}_i - \overline{y} \right)^2 \text{，称其为回归平方和。}$$

且有

$$F = \frac{n - p - 1}{p} \ \frac{S_R}{S_Q} \quad F(p, \ n - p - 1) \, 。$$

对于给定的显著性水平 $\alpha$，可以得到 $F_\alpha(p, \ n - p - 1)$，并根据样本求出

$$F_0 = \frac{S_R / p}{S_Q / (n - p - 1)}$$

的观测值，若 $F_0 > F_\alpha(p, \ n - p - 1)$，拒绝 $H_0$，认为 $Y$ 与自变量 $x_1$，$x_2$，$\cdots$，$x_p$ 之间存在线性相关关系。反之，则接受 $H_0$，认为回归效果不显著。

# 参考文献

[1] 周兴才.应用型本科院校概率论与数理统计教学研究 [J].襄樊学院学报，2011，32（5）：60-63.

[2] 郝晓斌，董西广.数学建模思想在概率论与数理统计课程教学中的应用 [J].经济研究导刊，2010（16）：244-245.

[3] 李日华，毛凯，韩庆龙.随机事件与随机变量概率分布的拓展研究 [J].数学的实践与认识，2010，40（9）：190-195.

[4] 兰瑞平.关于一维随机变量分布函数的讨论 [J].吕梁学院学报，2012，2（2）：6-8.

[5] 宋明娟，朱思宇.随机变量变换分布的若干推论及应用 [J].大学数学，2012，28（6）：96-99.

[6] 张乐成，景宇.用统计试验法计算连续型随机变量分布函数及计算机程序 [J].中国卫生统计，2011，28（2）：202.

[7] 张忠诚，喻五一.二维连续型随机变量分布函数的计算 [J].高等函授学报（自然科学版），2010，23（6）：3-4.

[8] 甘媛.随机变量的分布函数求解方法的讨论 [J].襄樊职业技术学院学报，2012，11（6）：22-25.

[9] 叶仁玉.关于连续型随机变量函数分布的探讨 [J].安庆师范学院学报（自然科学版），2010，16（4）：79-81.

[10] 孙旭东，郭嗣琮，张蕾欣.模糊随机变量及其数字特征的结构元方法 [J].模糊系统与数学，2013，27（3）：70-75.

[11] 朱尧辰.方差和协方差分析 [J].国外科技新书评介，2009（1）：2-3.

[12] 许芳忠，许金华.大数定律及中心极限定理的教学课程设计探讨 [J].科技资讯，2010（36）：227.

[13] 李杰，刘兆鹏，费时龙.大数定律及中心极限定理模型在经济中的应用 [J].南风，2016（29）：136.

[14] 王康康 . 浅谈大数定律与中心极限定理在经济生活中的应用 [J]. 科教文汇（下旬刊），2014（9）：47-48.

[15] 董海玲 . GI/G/1 排队系统队长的强大数定律和中心极限定理 [J]. 数学理论与应用，2011，31（2）：51-54.

[16] 陈常琦 . 大数定律和中心极限定理的思考与应用 [J]. 考试周刊，2017（50）：9.

[17] 罗逸平 . 大数定律和中心极限定理在极限问题中的应用 [J]. 赤峰学院学报（自然科学版），2014（17）：3-4.

[18] 张建华，曾建潮 . 经验分布函数概率模型的分布估计算法 [J]. 计算机工程与应用，2011，47（8）：33-35.

[19] 邹毅，王君杰 . 有限域随机变量限界概率分布函数模型 [J]. 山东科学，2014，27（1）：106-109.

[20] 梁琼 . NA 序列下经验分布函数的收敛性 [J]. 岭南师范学院学报，2016，37（6）：40-43.

[21] 王晓刚 . 利用三次样条插值构建经验分布函数 [J]. 扬州职业大学学报，2017，21（4）：38-41.

[22] 李秀敏，徐凌云 . 用随机模拟方法研究抽样分布问题 [J]. 高师理科学刊，2018（3）：62-65.

[23] 吕玉红，高元文 . 推断统计理论的实践教学探索 [J]. 广州城市职业学院学报，2017，11（1）：84-88.

[24] 杨文光，吴云洁，王建敏 . 基于熵权法的小样本灰色置信区间估计 [J]. 郑州大学学报（理学版），2016，48（1）：51-56.

[25] 吴艳，温忠麟 . 与零假设检验有关的统计分析流程 [J]. 心理科学，2011（1）：230-234.

[26] 倪延延，张晋昕 . 假设检验时样本含量估计中容许误差 $\delta$ 的合理选取 [J]. 循证医学，2011，11（6）：370-372.

[27] 刘志东 . 多元GARCH模型结构特征、参数估计与假设检验研究综述 [J]. 数量经济技术经济研究，2010（9）：147-161.

[28] 马凤鸣，王忠礼 . 假设检验方法分析及应用 [J]. 长春大学学报，2012，22（2）：188-192.

[29] 王志福，潘旭，金姝，等 . 假设检验的原理及其应用 [J]. 渤海大学学报（自然科学版），2013（2）：101-105.

[30] 张敏静，刘雅娜，薛志群 . 一元线性回归方程有关检验问题的研究 [J].

价值工程，2012，31（2）：1-2.

[31] 祝国强，杭国明，滕海英，等 . 谈谈两总体比较的非参数检验方法 [J].
数理医药学杂志，2011，24（5）：524-525.

[32] 蔡择林 . 至多一个分布变点的非参数检验及其渐近性质 [J]. 数学杂志，
2007，27（1）：73-76.

[33] 王丹，郭鹏江，夏志明，等 . 厚尾序列均值变点的非参数检验 [J]. 西
北大学学报（自然科学版），2011，41（5）：761-763.

[34] 苗元欣 . 基于一元线性回归的变形监测数据处理与分析 [J]. 山西建筑，
2013，39（33）：206-207.

[35] 戴金辉，袁靖 . 单因素方差分析与多元线性回归分析检验方法的比
较 [J]. 统计与决策，2016（9）：23-26.

[36] 刘晓叙 . 灰色预测与一元线性回归预测的比较 [J]. 四川理工学院学报
（自科科学版），2009，22（1）：107-109.

[37] 罗希 . 单峰变量函数方差和协方差的半参数界 [D]. 哈尔滨：哈尔滨工
业大学，2012.